Bernd Osterhammel

SCHÖPFERKRAFT

Bernd Osterhammel

SCHÖPFER KRAFT

EIN WEGWEISER ZU EINEM
KRAFTVOLLEN & AUTHENTISCHEN LEBEN

Wichtiger Hinweis

Die im Buch veröffentlichten Empfehlungen wurden vom Verfasser und vom Verlag sorgfältig erarbeitet und geprüft. Eine Garantie kann dennoch nicht übernommen werden. Ebenso ist die Haftung des Verfassers bzw. des Verlages und seiner Beauftragten für Personen-, Sach- und Vermögensschäden ausgeschlossen.

Bei möglichen unterschiedlichen Schreibweisen wurde die von der Duden-Redaktion empfohlene Schreibvariante verwendet.

Erstauflage: © EchnAton Verlag Diana Schulz e.K.
Alle Rechte vorbehalten. Das Werk darf –
auch teilweise – nur mit Genehmigung des
Verlages wiedergegeben werden.

3. Auflage November 2023

Gesamtherstellung: Diana Schulz
Lektorat: Angelika Funk
Coverfoto: © Shutterstock
Covergestaltung: Diana Schulz, Dennis O'Neill
Druck und Bindung: CPI books GmbH, Leck
ISBN: 978-3-96442-014-5

www.echnaton-verlag.de

Für Max, Ben, Nils und Oskar – unsere Enkel

Inhalt

Einleitung   9
  Der Anfang   13
  Die neue Idee   18

1. Wie entsteht meine Wirklichkeit?   21

2. Die sieben Trainings   53
  1. Einheit   57
  2. Polarität   63
  3. Selbsterkenntnis   69
  4. Vergebung   81
  5. Liebe   87
  6. Vertrauen   95
  7. Dankbarkeit   101

3. Die sieben Begegnungen 107
   1. Begegnung mit den Eltern 109
   2. Begegnung mit dem Partner 117
   3. Begegnung mit der eigenen Sexualität 123
   4. Begegnung mit der Gesundheit 127
   5. Begegnung mit dem eigenen Beruf 135
   6. Begegnung mit dem Thema Geld 143
   7. Begegnung mit dem eigenen Glauben 151

Zusammenfassung 157

Das persönliche Drehbuch 159

Danke 168
Über den Autor 170
Literaturverzeichnis 172

Einleitung

Ich schreibe dieses Buch in erster Linie für meine Enkel, aber nicht nur für sie. Ich schreibe es auch für alle Enkelkinder dieser Welt und für all jene, die auf der Suche nach einem kraftvoll, authentischen Leben sind – nach ihrem ureigenen Leben, ihrem Glück, ihrem inneren Frieden, nach Leichtigkeit und Gesundheit.

Dieses Buch erhebt nicht den Anspruch, wissenschaftlich basiert oder journalistisch korrekt recherchiert zu sein. Vielmehr schreibe ich es als ›reifer Mann‹ mit einem Herzen voller Dankbarkeit und Liebe. Als Anrede verwende ich das menschliche und verbindende DU. Ich schreibe es mit dem Bedürfnis, Gutes zu tun und etwas Wertvolles zu hinterlassen. So soll dieses Büchlein zum Wohle aller und allen Lebens dienen.

Die Grundlage ist weniger all das bisherige Wissen, das die Menschheit angesammelt hat, sondern mein kleines bisschen Lebensweisheit aus fast sechs Jahrzehnten. Grundlage ist auch die Einfachheit, die mir die Pferde fast mein ganzes Leben vermittelt haben und auf die ich glücklicherweise immer wieder zurückgreifen kann. Auf gar keinen Fall möchte ich jemandem in seinem Glauben, Denken und dem, was ihn seine Erfahrung gelehrt hat, zu nahe treten. Das Buch soll dir vielmehr Mut und Lust machen, dich einzulassen auf das, was sich bei mir und vielen anderen als Erfolgsrezept gezeigt hat, um Glück, inneren Frieden und Leichtigkeit im Leben zu erreichen.

Dieses Buch soll dich der Schöpferkraft näherbringen, die in jedem von uns Menschen steckt. Es soll dir deinen eigenen Anteil zeigen an allem, was dir im Leben begegnet, und an diesem Teil der Evolution, der wiederum Teil eines mystischen Großen und Ganzen ist, dessen Umfang und Zusammenhang der menschliche Verstand nicht zu erfassen vermag. In mir ist die Hoffnung, dass es mir gelingt, dieses Buch frei von religiösem Alleinanspruch zu schreiben und frei von der Idee, etwas in Gänze verstanden zu haben, was mein begrenzter Verstand nicht annähernd erfassen kann.

Mein Leben ist trotz erheblicher Krisen in fast allen Lebensbereichen so viel schöner und mein innerer Frieden so viel größer geworden, dass es mir ein besonderes Anliegen ist, diese Essenz daraus weiterzugeben. Mögen die Ideen dieses Buches bei dir dazu führen, mehr Erfolg, Glück, Lebensfreude, inneren Frieden und Leichtigkeit in dein Leben einkehren zu lassen.

Wie jede Veränderung so hat auch diese ihren Preis, das möchte ich bereits am Anfang erwähnen. Denn letztlich geht es darum, sich seiner Selbst in diesem

Einleitung

großen Zusammenhang, den wir das Leben nennen, bewusst zu werden. Das setzt voraus, sich selbst so wohl in dem zu erkennen, was ist, als auch darin, was geschieht, und seinen eigenen Anteil als Täter und vielleicht auch als Übeltäter daran zu identifizieren. Der Preis dafür wird sein, die volle Verantwortung für sein Leben zu übernehmen und sich so anzunehmen, wie man ist. Am Ende werden wir die Angst in unserem Denken entdecken und sie durch Liebe und Faszination ersetzen können. Und dann geschehen Wunder.

Was hinter uns liegt und was vor uns liegt,
sind nur Kleinigkeiten im Vergleich zu dem,
was in uns liegt. Und wenn wir das,
was in uns liegt, nach außen
in die Welt tragen, geschehen Wunder.

Henry David Thoreau

Ich denke, dass es den meisten Menschen im Leben nicht anders ergeht als mir. Irgendwann kommt der Moment, in dem das Leben so schwer wird, so wehtut oder solche Angst macht, dass viel mehr Energie von uns wegströmt als wieder zu uns hinströmt. Dann scheint ein kraftvolles, gesundes und authentisches Leben kaum mehr möglich oder greifbar zu sein: Die Arbeit ist so viel, dass man nicht weiß, wie man sie jemals schaffen soll. Die Prüfungen sind so fordernd und der Lernstoff so unglaublich schwer. Die Einnahmen sind so gering und die Fixkosten so viel höher als die Einnahmen oder die Beziehung zu einem geliebten Menschen ist an einem Punkt angelangt, an dem ein harmonisches Miteinander nicht mehr möglich scheint.

Ich könnte diese Liste nahezu endlos fortführen, um die Krisen aufzuzeigen, die uns Menschen in allen Lebensbereichen heimsuchen können. Fest steht, dass ich mich jetzt im fortgeschrittenen Alter viel glücklicher, zufriedener, erfolgreicher und fitter fühle als mit 30, 40 oder 50 Jahren. Verantwortlich dafür ist nicht etwa all mein angehäuftes Wissen, sondern vielmehr die gewonnene Lebensweisheit der vergangenen Jahrzehnte. Und genau diese möchte ich im Laufe des Buches allen Interessierten in komprimierter Form zur Verfügung stellen.

So werde ich anhand von Geschichten aus meinem Leben erzählen und berichten, wie wesentliche Erkenntnisse zu mir gefunden haben, wie meine Wirklichkeit entstanden ist und wie sie sich weiterhin entwickelt. Daran anknüpfend werde ich konkret sieben Trainings empfehlen. Im Anschluss beschreibe ich sieben Begegnungen mit den Themen, die unser aller Leben wesentlich bestimmen, um am Ende das zu erlangen, was ich als Glück, Erfolg, unbändige Lebensfreude und tiefen inneren Frieden empfinde.

Es ist so viel mehr in unserem Leben möglich, wenn es uns bewusst wird. Denn dann fangen wir an, die Wahrheit nicht im Außen, sondern im eigenen Inneren

Einleitung

zu suchen, und eine spannende Reise beginnt. Am Ende des Buches befinden sich dann Tipps zum bewussten Schreiben eines persönlichen Lebensdrehbuches.

Der Anfang

Geboren wurde ich 1957 in Benroth, einem kleinen 300-Seelen-Dorf in der Gemeinde Nümbrecht im südlichen Oberbergischen Kreis. Meine beiden Schwestern waren bereits geboren: Elke ist zwei Jahre und Heide ein Jahr älter als ich. Mein Bruder Falk kam zwei Jahre nach mir auf die Welt. Dann dauerte es ein weiteres Jahrzehnt, bis mein jüngster Bruder Klaus geboren wurde.

Mein Vater Friedhelm, Jahrgang 1927 und gelernter Maurer, hatte es trotz der sehr einfachen Verhältnisse, aus denen er kam, geschafft zu studieren und war seit 1955 selbstständig als Architekt und Bauingenieur tätig. Meine Mutter Elsbeth, 1929 geboren, hatte Näherin gelernt und wurde dann Hausfrau, Mutter und Managerin unserer Großfamilie. Möglicherweise hatte sie sich ein Kunststudium vorgestellt, aber für uns als Familie war es ein großer Segen, dass sie ihr Talent und ihre Energie für unsere Entwicklung einsetzte.

SCHÖPFERKRAFT

Von beiden Eltern habe ich meine Umsetzungsstärke und eine tiefe Erdverbundenheit. Glücklicherweise war mein Vater die treibende Kraft, als es darum ging, den kleinen Landbesitz seiner Eltern und Schwiegereltern zu übernehmen, da sonst niemand Interesse daran hatte. Dieses Land sollten meine Frau Jutta und ich später wiederum von meinen Eltern kaufen und es bildet bis heute den Grundstock unseres kleinen Pferdehofes.

Als ich drei oder vier Jahre alt war, kaufte mein Vater das erste Pferd, ein Fjordpferd namens Lona. Gerne erinnere ich mich an Opa Wilhelm, den Vater meiner Mutter, der bei seinem Vater Fuhrmann gelernt hatte. Diese Tradition flackerte wohl wieder auf, denn Lona musste alsbald einen Wagen ziehen, half ein wenig in Feld und Wald und mein Vater kaufte zusätzlich eine Kutsche für die Freizeit. In dieser Zeit beginnt meine intensive, bewusste Erinnerung an Pferde.

Opa Wilhelm ging regelmäßig mit dem Pferd zu Fuß in die circa drei Kilometer entfernte Dorfschmiede, um es neu beschlagen zu lassen. Ich war derjenige seiner Enkel, der immer gerne mit ihm unterwegs war. Also saß ich als etwa vierjähriger Bursche auf dem ungesattelten Pferd, wenn es zur Schmiede ging. Mir ist, als könnte ich die nackten Beine auf dem rutschigen Fell, die Wärme und den leichten Schweiß im Fell heute noch fühlen. Das rot glühende Eisen, das Geräusch des Schmiedens, der Geruch beim Aufbrennen, das Nageln im Horn – das sind alles Sinneswahrneh-

Einleitung

mungen, die ich intensiv in mir aufgenommen habe. Das Wesentliche aber war, dass mein Großvater auf dem Heimweg nicht an der Dorfkneipe vorbeigehen konnte, ohne dort einen Zwischenstopp einzulegen. So hielten wir regelmäßig auf dem Hinterhof, wo ich vom Pferd gehoben wurde und das für mich damals große Tier festhalten durfte. Mein Opa ging währenddessen durch den Hintereingang in die Gaststube und bestellte die Getränke. Kurz darauf kam die Wirtin mit einem Bier, einem Korn und einem Apfelsaft und fragte jedes Mal voller Bewunderung: »Oh, kannst du kleiner Bursche schon ganz alleine dieses große Pferd bändigen?«

Stolz und voller Überzeugung antwortete ich mit einem unmissverständlichen Ja und legte zu dieser Zeit – so glaube ich – den Grundstein für meine besondere Beziehung zu Pferden. Diese Überzeugung wird wohl auch bestehen bleiben, unabhängig davon, wie alt ich werde. Natürlich konnte ich damals nicht ahnen, wie sehr mich diese Erlebnisse prägen und welch ungewöhnlichen Einfluss sie auf mein Leben nehmen würden.

Meine Kindheit auf dem Dorf mit den Pferden, die immer mehr wurden, war einfach toll. Mein Leben spielte sich draußen ab und mein Bewegungsradius in den Wäldern rund um unseren Ort erweiterte sich zusehends. Ein Drama hingegen war meine Schulzeit. Still zu sein und zu lernen war nicht meine Welt. Schließlich blieb ich sitzen. Meine Eltern nahmen mich vom Gymnasium und erst mit 14 Jahren auf der

SCHÖPFERKRAFT

Hauptschule begann ich, Verantwortung für meine Bildung zu übernehmen. Ich konnte eine Klasse überspringen und aufholen, absolvierte die mittlere Reife, machte Fachabitur, studierte Konstruktiven Ingenieurbau bis zum Diplom und schloss noch ein Wirtschafts-Aufbaustudium mit Diplom an. Erst viel später wurde mir klar, dass es mir als ältestem Sohn in einem kleinen Dorf quasi in die Wiege gelegt war, in die Fußstapfen meines Vaters zu treten und sein kleines Ingenieurbüro zu übernehmen. Mit 25 Jahren kaufte ich ihm, der damals 55 Jahre alt war, sein Büro mit den noch vier Beschäftigten ab und begann am 1. Januar 1983 mein Unternehmerdasein.

Der größte Segen in meinem Leben sind meine Frau Jutta, die ich 1980 geheiratet habe, und unsere beiden Töchter Anne und Maike, geboren 1980 bzw. 1982. Sie teilen meine Faszination für die Pferde bis heute und haben den Weg zur kleinen Ingenieurgesellschaft und dem ständig wachsenden kleinen Pferdehof fleißig mitgestaltet. Dieser Familiensegen fand Jahre später seine Fortsetzung, als unsere Enkel Max, Ben, Nils und Oskar geboren wurden.

Ich glaube, als kleiner Unternehmer, als Ehemann und als Vater habe ich die meisten Krisen durchlebt und Fehler gemacht, die einem im Leben begegnen können. Dennoch haben andere Menschen mich auch immer wieder um Rat gefragt, als hätten sie den Eindruck gehabt, dass ich vieles richtig mache. Immer haben die Pferde mein Leben begleitet und wann

Einleitung

immer Zeit oder Geld übrig war, habe ich sie bzw. es in die Pferde investiert. Und so suchen auch die Pferdemenschen bis heute immer wieder meine Unterstützung.

Richtig spannend wurde es in meinem Leben erst in der zweiten Hälfte der 90er Jahre, als ich zunehmend gefragt wurde, warum meine kleine Ingenieurfirma so erfolgreich sei. An diesem Punkt begann ich darüber nachzudenken, was den Erfolg meines Teams eigentlich ausmachte. Erst da habe ich verstanden, wie sehr die Pferde mein Bewusstsein für mein Gegenüber geschärft haben. Durch sie habe ich gelernt, mich selbst zu erkennen und mit Veränderungen zuerst bei mir zu beginnen. Unbewusst bekam ich Impulse von den Pferden, die ich für die Führung meiner Mitarbeiter und den Umgang mit unseren Kunden übersetzt und weiterentwickelt habe.

Als ich begann, anderen von meinen Erfahrungen zu berichten und die Highlights meiner Erkenntnisse weiterzugeben, entwickelte sich der Ingenieur und Pferdemann zum Geschichtenerzähler und Unternehmensbegleiter Bernd Osterhammel mit seiner neuen Firma *Bernd Osterhammel – Bewusst-Sein*.

Ende 2004 habe ich das von meinem Vater gegründete Unternehmen schweren Herzens und gut vorbereitet an meinen besten Ingenieur abgegeben. Stefan Hahmann hat das Talent und das Wissen, diese Firma leichter und noch erfolgreicher zu führen als ich. Ich musste meiner inneren Stimme und meiner Berufung folgen. Es wurde höchste Zeit, mein ureigenes Wesen zu identifizieren, in Gänze anzunehmen, ihm Ausdruck zu verleihen und es zu leben.

An dieser Stelle gilt es für dich, kurz innezuhalten und dich zu fragen: »Wer bin ich wirklich?« Und dann Ja zu sagen zu dir und deinem Leben.

Die neue Idee

Im Jahr 2005 begann ich, meiner Berufung nachzugehen und meinen Traum zu leben. Seither trainiere ich Führungskräfte mit und ohne Pferde, begleite Menschen und Firmen, veranstalte Workshops und halte Vorträge. Aus meinem um die Jahrtausendwende entstandenen Konzept *Pferdeflüstern für Manager* entwickelte ich einen Wirtschaftsbestseller, Seminare, Workshops, Vorträge und ein effektives Führungskräftecoaching.

Als ich eines Morgens nach dem Sport im Badezimmer stand, hörte ich eilige Kinderschritte am Haus vorbeilaufen. Es war gerade noch Zeit genug, um das Fenster zu öffnen und meinem Enkel, der sehr spät dran war, nachzurufen: »Der Opa hat dich lieb.« Ich hörte noch: »Ich dich auch, Opa«, als er auch schon um die nächste Ecke verschwand. In diesem Moment war die

Einleitung

Idee geboren, die erneut eine thematische Wende in mein Leben bringen sollte.

Ich dachte darüber nach, ob dieser junge, unbeschwerte Mensch wohl auch irgendwann einmal in eine Lebenskrise kommen würde, in der ihm die Situation ausweglos erscheint und die Lebensenergie viel schneller abnimmt, als sie wieder aufgefüllt werden kann. Ob er dann wohl zu mir kommen und fragen würde: »Sag mal, Opa, warum ist das bei dir anders als bei so vielen Menschen? Warum bist du so zufrieden, so locker und hast so viel Erfolg? Kann ich auch so werden, Opa? Muss ich dafür richtig viel Glück haben? Habe ich wirklich Einfluss auf mein Leben, kann ich was für mein Glück tun?« In diesem Augenblick begann ich, im Inneren still zu antworten. Noch einmal dachte ich darüber nach und zog Resümee, so wie ich es damals als Unternehmer und Pferdemensch getan hatte, bevor mein erstes Buch entstand.

In dieses Buch fließen nicht nur die Erkenntnisse aus meinem eigenen Leben und die Wahrheiten von Hunderten von Pferden ein, die mich trainiert haben. Nein, dieses Mal kann ich auf über 2.000 Coachings mit Pferden zurückblicken, auf die Geschichten von über 150 Unternehmerinnen und Unternehmern, die ich intensiv begleiten durfte und auf Einblicke, die ich in mehr als 150 Firmen bekommen habe. Mir wurde bewusst, dass mir immer wieder die gleichen Themen begegnen, die unser Leben begleiten. Zu diesen Kernthemen möchte ich in diesem Buch sieben Trainings

SCHÖPFERKRAFT

und sieben Begegnungen empfehlen, die mich und die meisten meiner erfolgreichen Klienten auf dem Weg in ein kraftvolles, authentisches Leben unterstützt haben und die ich seither gerne an all diejenigen weitergebe, die auf der Suche danach sind.

Kapitel 1
Wie entsteht meine Wirklichkeit?

Im Folgenden möchte ich dich an verschiedene Stationen meines Lebens mitnehmen und anhand ganz alltäglicher Situationen erzählen, wie ich meinen Zugang zur eigenen Schöpferkraft gefunden habe, die mir Glück und Erfolg bereitet hat. Dabei geht es vorrangig nicht um mich, sondern vielmehr darum, meinen Enkelkindern und auch Menschen wie dir Mut zu machen, ihr Leben bewusst zu leben. Auf diese Weise könnt ihr vielleicht früher als ich einen Zugang bekommen zu dem, was ich Schöpferkraft oder vielmehr noch den göttlichen Funken im irdischen Erfolg nenne.

Ich selbst musste fast 50 Jahre alt werden, um mir dieser unglaublichen Möglichkeiten bewusst zu werden, mein eigenes Leben mitgestalten zu können. Unbewusst hat die Schöpferkraft mein ganzes Leben in mir gewirkt.

Als ich zwischen sieben und elf Jahre alt war, lebten wir damals noch vier Kinder mit unseren Eltern im Elternhaus, das schon um die ersten Büroräume für die Mitarbeiter meines Vaters erweitert wurde. Mein Vater hatte also Firma und Arbeitsplatz im gleichen Haus, in dem wir wohnten.

SCHÖPFERKRAFT

Die Eltern legten zu dieser Zeit Wert darauf, dass wir mittags, wenn unsere Stundenpläne und die Termine meines Vaters es erlaubten, zusammen aßen. Im Nachhinein betrachte ich das als ein alltägliches Ritual von großer Wichtigkeit. Leider geht das heutzutage in vielen Familien verloren: gemeinsam und in Ruhe essen, trinken und erzählen.

Und jedes Mal spielte sich das gleiche Drama ab. Weil unsere Mutter die Absicht hatte, aus meinen beiden älteren Schwestern lebenstüchtige Frauen und fleißige, gute Partien für ihre zukünftigen Ehemänner zu machen, wurden sie konsequent angewiesen, den Tisch abzuräumen, zu spülen, abzutrocknen und aufzuräumen. Eine Spülmaschine gab es damals noch nicht und sowohl für meinen Vater als auch für meine Mutter waren dies eindeutig Frauenarbeiten. Meine Schwestern hingegen hatten schon eine Idee von Emanzipation und übten auf mich einen starken Druck aus mitzuhelfen. Allerdings klappte das selten, denn sobald ich aufgegessen hatte, musste ich zur Toilette. An diesem Ort wurde für mich die Tür zur Leinwand meiner Tagträume und ich brauchte dort so lange, dass in der Zwischenzeit die Küche fertig war.

In diesem Alter wusste ich natürlich schon, dass ich die Mama nicht heiraten konnte, aber auch, dass ich nicht ewig mit meinem Vater unter einem Dach leben wollte. Denn ich war nun mal der älteste Sohn, würde eines Tages ein Mann sein und die Anforderungen meines Vaters waren sehr hoch: »Ging das nicht schneller,

besser, weiter? Hast du das immer noch nicht kapiert?«
An dieser Stelle möchte ich betonen, dass wir gute Eltern hatten, bemüht und von hoher sozialer Kompetenz. Wenn sie es manchmal in ihrer Erziehung vielleicht etwas übertrieben, so taten sie dies in bester Absicht. Für mich war es jedoch nicht immer einfach, vor allem mein mächtiger Vater machte es mir nicht leicht. Aber dort auf dem stillen Ort gab es genügend Zeit zum Nachdenken und so habe ich viel über meine spätere ideale Wohnsituation nachgedacht – nah genug bei der Mama, aber mit genügend Abstand vom Papa. Damals dachte ich, dass eine Blockhütte auf der nahe gelegenen Pferdeweide der richtige Ort wäre.

Ich wusste zu dieser Zeit nicht genau, welchen Beruf ich später ausüben wollte – den Blick über den Tellerrand ermöglichte einzig das Fernsehgerät meiner Großeltern. Einmal in der Woche sahen wir in ihrem Schwarz-Weiß-Fernseher die Westernserie *Bonanza*. Und so kamen als berufliche Möglichkeiten Cowboy, Indianer oder Abenteurer infrage. Auch gab es in unserem Dorf einige sehr kleine Nebenerwerbslandwirte mit jeweils einem kleinen Traktor wie einem Deutz, Eicher, Kramer oder Hanomag, was ebenfalls einen besonderen Reiz auf mich ausübte. Deshalb war es für mich auch eine berufliche Option, Bauer zu werden.

Ganz klar war damals für mich, dass ein Mensch wenigstens sechs eigene Pferde braucht, um glücklich zu sein. Wie auch immer diese Zahl zustande kam, sie hat sich bis heute in meinem Kopf gehalten. Ferner bekam ich zu dieser Zeit auch eine Idee davon, dass Geld nicht alles ist, aber vieles vereinfacht. Unsere Spielkameraden kamen häufig aus Elternhäusern, in denen noch mehr gespart werden musste, um das eigene Haus zu finanzieren. Eigentum, ein Haus mit Garten, war nach dem Krieg für die meisten ein großes Ziel.

Wenn ich an die Themen denke, die meinen freien Kindergeist über Jahre stundenlang auf der Gästetoilette beschäftigten, dann erscheint es mir bemerkenswert zu beschreiben, wie ich heute lebe. Das, womit ich mich in meinen Träumen so viel befasst habe, ist heute alles greifbar: Unsere Blockhütte auf der Pferdeweide steht genau an dem Ort, wo ich sie als Kind gesehen habe. Wir leben seit Jahrzehnten mit zehn bis zwölf familieneigenen Pferden, unser Traktor ist ein alter Hanomag. Täglich reite ich im Westernsattel auf Westernpferden oder immer noch gerne auf einem gescheckten Pferd ohne Sattel quer durch Feld und Wald wie ein Indianer. Ich lebe mein eigenes Abenteurerleben. Und dem Himmel sei Dank, meine Frau und meine Töchter leben dieses Leben mit mir, jede auf ihre Art.

Nun mache ich einen großen Sprung in meinem Leben und schildere eine vollkommen andere Situation. Es war das Jahr 1997, in dem ich 40 Jahre alt wurde. Mittlerweile hatte sich meine Firma sehr gut entwickelt, vollkommen gegen den Trend in der deutschen Bauwirtschaft. Ein paar Jahre zuvor hatten wir in

Wie entsteht meine Wirklichkeit?

Nümbrecht, dem Hauptort unserer Gemeinde, neu gebaut und waren mit unserem Ingenieurbüro dorthin umgesiedelt. Haus und Hof waren abbezahlt, ›Benroth‹ gehörte uns, wir hatten erreicht, was uns die Kriegsgeneration als wichtiges Ziel vermittelt hatte. ›Benroth‹ war nun privat und schien irgendwie geschützter ohne Firma. Im Garten waren unterhalb der Blockhütte am Rande der Pferdeweide ein kleiner Reitplatz und ein schöner Pferdestall aus Holz entstanden. Den Offenstall meines Vaters und Großvaters hatten wir abgerissen und erneuert. Da es im Oberbergischen viel und oft regnet und es im Herbst und Winter immer viel zu früh dunkel ist, entstand in mir der Wunsch, ein Dach über den Reitplatz zu bauen, eine Halle ohne Wände, eine Holzkonstruktion, passend zum Holzhaus. Es war ein gewagter Gedanke, so viel Geld für eine private Investition auszugeben, das war absolut gegen meine Erziehung.

Diese absolute Übertretung meiner bisher gelebten inneren Gesetze schien es mir unmöglich zu machen, diesen Gedanken zu Ende zu denken. Wochenlang befasste ich mich damit, maß, skizzierte, rechnete, plante, verwarf die Idee, machte weiter und sammelte Argumente, die für den Bau sprachen. Die innere Diskussion mit der bis dahin unbewusst verinnerlichten Einstellung meines Vaters, die fest in meinem Hinterkopf verankert war, wollte kein Ende nehmen. Doch in Gedanken entstand schließlich ein inneres Bild, eine Vision, und daraus ein solch gutes Gefühl, dass ich mir selbst den Startschuss gab.

SCHÖPFERKRAFT

Die erste Ernüchterung kam, als der Architekt bereits im Vorgespräch auf die Bremse trat. Er wusste ein wenig über unsere Verhältnisse und über die ungefähren Baugrenzen in Benroth Bescheid. »Bernd«, sagte er, »gib mir zwei Tage, sodass ich erst einmal mit dem Gemeindebauamt und der Baugenehmigungsbehörde des Kreises sprechen kann. Dann reden wir weiter.«

Ich wollte kein Problem sehen und konnte geradezu fühlen, wie ich am Jahresende bei guter Musik die ersten Male unter dem Dach reite. Unser Architekt war jedoch realistischer und so kam wenige Tage später die Ernüchterung. Auf keinen Fall gab es für dieses Vorhaben ein Baurecht! Ich war am Ende, noch bevor wir richtig angefangen hatten. Der Tag war total hinüber und ich für den Rest des Tages unbrauchbar.

Schlafen konnte ich wider Erwarten gut und intensiv, zudem träumte ich sehr detailliert. Im Traum hatte ich Besuch von derjenigen Person, die beim Oberbergischen Kreis für die Baugenehmigungen der Gemeinde Nümbrecht zuständig war und ich bekam die genauen Maße und das detaillierte Vorgehen für die mögliche Genehmigung unserer Reitplatzüberdachung genannt. Es folgten spannende Wochen, bis die Genehmigung vorlag, und am Jahresende konnten wir unter unserem Dach reiten – bei Licht und guter Musik. Ab einem bestimmten Zeitpunkt war es geradezu so, als wäre dieses Bauvorhaben trotz aller Widrigkeiten nicht mehr zu stoppen und sollte auf jeden Fall Wirklichkeit werden.

Wie entsteht meine Wirklichkeit?

Ich schreibe diese Geschichten nicht, weil es hier um mich geht. Vielmehr möchte ich dich parallel zum Lesen dieses Buches dazu anregen, dein bisheriges Leben zu reflektieren und rückwirkend darüber nachzudenken, womit du dich gedanklich viel beschäftigt hast und was davon Wirklichkeit geworden ist. Die Frage ist: Womit habe ich mich in meinen Gedanken intensiv befasst und konnte es eines Tages real greifen? Weil dieser erste Schritt so wichtig ist, um einen bewussten Zugang zur eigenen Schöpferkraft zu bekommen, die in jedem Menschen wirkt, möchte ich noch zwei weitere Geschichten aus ganz anderen Bereichen meines Lebens erzählen.

Um das Jahr 2000 herum habe ich viel darüber nachgedacht, wie für mich eine Traumfirma aussieht und damals in einfachen Sätzen aufgeschrieben:

- Eine Firma soll einzigartig sein.

- Eine Firma soll Freude machen, und zwar allen: den Kunden, den Mitarbeitern, dem Chef und den Geschäftspartnern.

- In der Firma soll jeder jeden unterstützen, zum Wohle aller.

- Wenn die Mitarbeiter morgens kommen, dann sollen sie sich wie Kinder fühlen, die auf ihrem Abenteuerspielplatz etwas Neues entdecken dürfen.

SCHÖPFERKRAFT

- Lachen, Singen, Pfeifen, Feiern sollen den Arbeitstag begleiten.

- Jeder bringt seine besten Talente in die Firma mit und setzt sie dort ein.

- Sowohl die Mitarbeitenden als auch der Chef finden ihre wichtigsten Werte in der Firma wieder.

- Die Mitarbeiter treffen sich und sind eins, ohne Trennung und Machtspielchen.

- Die Firma ist ein Magnet für gute Kunden und Aufträge.

- Alle haben die Chance, im Unternehmen zu wachsen, wenn sie das möchten.

- Keiner muss mehr schultern oder verantworten, als er kann.

- Keiner hat das Bestreben, die Firma von sich abhängig zu machen.

- Es gibt kein Konkurrenzdenken untereinander.

- Leichtigkeit begleitet den Tag.

Wie entsteht meine Wirklichkeit?

Als ich meine Firma im Jahr 2004 meinem Nachfolger übergab, um meiner Berufung zu folgen, waren nach meiner Einschätzung 90 Prozent dieser Sätze Wirklichkeit geworden. Damals begann ich zu verinnerlichen, dass es sinnvoll ist, darüber nachzudenken, was man wirklich will. Und dass es ebenso wertvoll ist, gute Gedanken und Ideen aufzuschreiben.

Im Verb ›schreiben‹ steckt ›reiben‹ und das ist der erste Schritt zur Manifestation. Wenn wir uns in unserer Gedankenwelt intensiv, klar und mit freudigem Herzen mit etwas befassen, erhöht sich offensichtlich die Wahrscheinlichkeit, dass wir es bald auch in der Wirklichkeit greifen können.

Mit einer weiteren Geschichte möchte ich einen anderen Lebensbereich, die Gesundheit, in dein Bewusstsein holen. Diesen existenziellen Bereich unseres Lebens werde ich weiter hinten im Buch noch einmal ausführlicher beleuchten.

Im Winter 2012/2013 musste ich lange auf das geeignete Wetter warten, bei dem ich wie in jedem Jahr mit Freude in den Wald gehen konnte, um unseren Brennholzvorrat zu erweitern und mögliches gefährliches Totholz entlang unserer Wirtschaftswege zu beseitigen. Der zwölfte Februar brachte endlich den idealen Tag, um zu beginnen. Ich hatte Zeit, es war trocken, wir hatten wenig Schnee und leichten Frost. Die erste Hälfte des Tages wollte ich nutzen, um einige circa 30 bis 35 Meter hohe Totholzfichten zu fällen. Im Umgang mit der Motorsäge war ich routiniert und hatte

SCHÖPFERKRAFT

viele Jahrzehnte Erfahrung. Leichtsinnig war jedoch, dass ich nur den Hund dabei hatte, nicht aber eine zweite Person, wie es eigentlich sein sollte. Meine Schutzausrüstung war perfekt und ich war nur ungefähr 100 Meter von Haus und Hof entfernt, wo Frau und Tochter ihrer Arbeit nachgingen.

Meine Erinnerung geht bis zu dem Punkt, als ich mein Halbtagewerk beenden wollte und bereits begonnen hatte, mein Werkzeug aufzuräumen. Danach setzt meine bewusste Wahrnehmung erst wieder ein, als ich im Gummersbacher Krankenhaus auf der Intensivstation aufwachte, angeschlossen an viele medizinische Geräte. Unglaubliche Schmerzen und Atemnot waren das Erste, das ich wahrnahm, dann meine Frau und eine unserer Töchter und dann noch unbekannte Geräusche.

Ich kann nicht mehr sagen, wie die nächsten Stunden und Tage vergingen. Einzig erinnere ich, wie sehnlich ich mir den Tod herbeigewünscht und um mehr Schmerzmittel gebettelt habe. In der ersten Zeit konnte ich mir nicht vorstellen, wie ich die unglaubliche Not aus Schmerz und Sauerstoffmangel auch nur noch eine Minute oder gar länger aushalten könne. Das Pflegepersonal sagte immer wieder, dass mehr Schmerzmittel nicht möglich seien. Ein Abtauchen in den Tod, der brennende Wunsch nach dem sofortigen Lebensende, war aber nicht möglich.

Erst mit der Zeit wurde mir klar, dass ich nicht sterben konnte, weil meine Frau und meine beiden Töchter, meine Großfamilie und ein großer Freundeskreis ein unsichtbares Geflecht zwischen mich und den Tod gespannt hatten. Ich lag wie auf einem Netz aus Liebe und guten Gedanken, das energetisch so viel stärker war als mein brennendes Verlangen zu sterben. Ich denke, dass in dieser Zeit sehr viele Herzen für mich gebrannt haben, sehr viele Gebete gesprochen und unglaublich viele gute Wünsche übermittelt wurden. Ich habe tagelang von der und durch die Liebe anderer Menschen gelebt.

Zwei Wochen lang verbrachten meine Frau Jutta und meine beiden Töchter im Wechsel Tag und Nacht an meinem Bett und versorgten mich liebevoll und lückenlos. Das vermag kein Krankenhaus zu leisten. Wie lange ich brauchte, um zu realisieren, wie schwer meine Verletzungen waren, weiß ich nicht mehr. Die größten Probleme waren der zertrümmerte achte Brustwirbel, die zerschmetterte Schulter, die vielen zum Teil mehrfach gebrochenen Rippen, das viele Blut, das in meinen Brustraum geflossen war, und der Darm, der tagelang seine Arbeit nicht wieder aufnehmen wollte. Aber offensichtlich wurde ich auch reich beschenkt durch meine Lieben, den hervorragenden Chefarzt, seine sehr kompetenten Oberärzte, Ärzte sowie das Pflegepersonal. Ich war umsorgt von so viel Liebe, Know-how und Fachkompetenz, dass ich etwas überleben konnte, wozu wohl 90 Prozent der Betroffenen nicht imstande sind.

Wenn ich an dieser Stelle über die vergleichsweise vielen kleinen Dramen dieser Zeit, über unser krankes

SCHÖPFERKRAFT

Gesundheitswesen, über so manche menschliche Schwäche schreiben würde, käme ich mir ungerecht vor. Das ist zwar auch ein Teil des Lebens, aber dorthin soll meine Energie nicht fließen. Ich habe allen Grund, dankbar zu sein – dankbar gegenüber meiner Familie und allen, die mich in dieser schweren Zeit unterstützt haben.

Wichtig für dieses Buch ist es ist weder, eine weitere komplizierte Operation noch all die Schrauben und Stäbe in meinem Rücken zu beschreiben. Wichtig aber ist der Punkt, an dem ich realisierte, dass ich nicht sterben werde und dass es weitergehen wird. Bei allen Versuchen, von den Ärzten zu erfahren, wie es weitergehen könne, was nun noch möglich wäre, kam nichts Konkretes heraus. Ich war 55 Jahre alt und noch nie im Krankenhaus gewesen – und jetzt? Mein ganzes Leben war ich geritten und hatte nebenbei auf dem Hof gearbeitet. Sollte das nun alles vorbei sein?

Zu diesem Zeitpunkt war ich glücklicherweise bereits so weit zu wissen, dass wir unser Leben mitgestalten. Wenn mir die Pferde in über 50 Jahren eines beigebracht haben, dann ist es, dass wir Ursachen setzen und sich daraus Konsequenzen, also Wirkungen ergeben. Und erst dann, wenn wir erkennen, dass wir immer wirken, beginnen wir bewusst zu wirken. Der Ursprung dieser eigenen Wirkung, die Zündung auf dem Weg zur Wirklichkeit, ist unser Gedanke. Und der Motor der Wirkung scheint mir unser Gefühl zu sein. Verursacht unser Gedanke ein gutes Gefühl, dann

Wie entsteht meine Wirklichkeit?

beginnen wir das zu bewirken, was wir wollen. Ist unser Gedanke Ursache für ein negatives Gefühl, beginnen wir zu bewirken, was wir nicht wollen. Beides ist möglich und dem unvorstellbar komplexen Zusammenhang von Schöpfung und Evolution scheint es egal zu sein, ob wir uns in die eine oder die andere Richtung bewegen.

Unbeweglich vor Schmerzen und mit all meinen gebrochenen Knochen, wusste ich zum Glück damals schon, dass ich meine Gedanken entweder aus Liebe und Faszination speisen kann oder aus Angst und Sorge und auf diese Weise ein Teil wie auch sein Gegenteil gestalten kann. Zeit zum Nachdenken hatte ich genug. Wenn auch mein Geist durch die verschiedenen Schmerzmittel und die heftigen Schmerzen sehr eingeschränkt arbeitete, so war ich doch in der Lage, mental drei Filme vor meinem inneren Auge ablaufen zu lassen.

Im ersten Film sah ich mich wieder mit dem Hund im Wald spazieren gehen. In Film Nummer zwei sah ich mich meiner Berufung folgen, mit Gruppen von Menschen arbeiten und inspirierende Vorträge halten. Film Nummer drei war am schwersten in meiner Vorstellung zu verankern. Warum? Weil alle Ärzte, mit denen ich sprach, das einfach für unrealistisch hielten. Aber dieser Film gab mir das beste Gefühl. Darin stellte ich mir vor, wie ich bei Sonnenaufgang mit meinem jungen Pferd, mit dessen Ausbildung ich vor dem Unfall begonnen hatte, zwischen unseren beiden Nach-

SCHÖPFERKRAFT

barorten Langenbach und Berkenroth über einen Höhenrücken Richtung Bröltal reite. Dort befand sich für mich ein magischer Kraftort.

Mit diesen Filmen, diesen Vorstellungen, befasste ich mich in den nicht enden wollenden Nächten. Und am Tage konnte ich beobachten, wie ich begann, immer öfter Hände und Füße, Waden und Arme anzuspannen, und wie der Ehrgeiz größer wurde, die Lungenflügel zu trainieren. Der zerschmetterte Oberkörper war ein großes Problem, aber die Peripherie meines Körpers ließ sich trainieren.

Bis heute weiß ich nicht, was im Wald auf mich fiel und wie es geschah, aber es hat eine Grenzsituation erzeugt – wochenlang anhaltend zwischen Leben und Sterben und danach zwischen einem eingeschränkten oder einem kraftvollen, authentischen Leben.

Des Nachts liefen meine drei Filme vor meinem inneren Auge ab, begleitet von dem Satz Albert Einsteins: »Logik bringt dich von A nach B, deine Vorstellungskraft bringt dich überallhin.« Mit dem Hund in den Wald zu gehen, das war in meiner Situation logisch und realistisch. Auch hielten es die Ärzte noch für möglich, dass ich Seminare und Vorträge halten würde. Aber mit meiner Vorstellung, im Galopp über einen Höhenrücken zu reiten, war ich nahezu alleine. Einzig meine Tochter Anne ließ sich in ihrem stets überschäumenden Optimismus kurz nach dem Unfall zu einer Äußerung hinreißen, an die ich auch erst nach über einem Jahr Training glauben konnte: »Papa, danach wirst du fitter sein als vorher.«

Wie entsteht meine Wirklichkeit?

Tatsache war, dass ich nach drei Wochen und zwei heftigen OPs kaum aufrecht sitzen konnte und dann versuchen sollte zu stehen. Wenn ein Mann meines Alters drei Wochen nur gelegen und einen Beinahe-Totalschaden im Oberkörper noch nicht annähernd verkraftet hat, dann ist der erste Stehversuch eine Begegnung mit der Hölle. Schmerz, Schwäche, Verzweiflung und unvorstellbare Enttäuschung ließen mein Lebenslichtlein in weniger als einer Sekunde wieder schrumpfen. Gott sei Dank war meine Frau dabei – aufbauend, Mut machend, liebevoll durchlebte sie diese Situation mit mir und so fühlte ich mich gefordert, tapfer zu sein.

Es war Freitag und die Krankengymnastin ließ uns in dieser elenden Situation mit dem Rollator bis Montag allein. *Deine Vorstellungskraft bringt dich überallhin!* Das Fenster war ungefähr drei Meter entfernt. Im Bett liegend ließen die unglaublichen Schmerzen langsam nach. Wir hatten zweieinhalb Tage, das alte zerbrochene Männlein und die tapfere kleine Frau, die seit drei Wochen bis an ihr Limit gefordert war. *Deine Vorstellungskraft bringt dich überallhin.* Auch die drei Meter bis zum Fenster? Diese drei unendlich langen Meter hin ... und wieder zurück? Einmal hinausschauen und die Natur sehen. Meine Vorstellungskraft hatte mich bereits in die Blockhütte umgeben von der Pferdeweide, unter das Dach über unserem Reitplatz, zu einer Traumfirma und zu meiner wahren Berufung gebracht. Aber drei Meter unter diesen bescheidenen Umständen?

SCHÖPFERKRAFT

Es geht in diesem Kontext nicht um drei Meter im Sinne einer Längenangabe, sondern vielmehr um ein kraftvolles und authentisches Leben. Es geht um die bewusste und nicht bewusste Schöpferkraft, die in jedem Leben wirkt. Und es geht letztendlich auch um den Umgang mit Polarität, zum Beispiel dem Erschaffen und dem Nichterschaffen, worauf ich später noch eingehen werde.

Was sagt Einstein? *Deine Vorstellungskraft bringt dich überallhin.* Drei Meter bis zum Fenster meines Krankenhauszimmers und ich kann hinausschauen, Wiesen sehen, Wälder, vielleicht in der Ferne ein Pferd. Da Schmerzen bei mir zu Übelkeit, Erbrechen und letztlich zur Ohnmacht führen, galt es, wieder flach zu liegen und sich zu erholen, bevor die Schmerzen eskalierten. Drei Meter, das sind letztlich sechs Mal ein halber Meter hin und zurück und bei stündlich einem Versuch ... Um es kurz zu fassen: Ich habe es geschafft. Und nach einer Woche schaffte ich noch mehr und bereits vier Wochen nach dem Unfall durfte ich auf eigenen Wunsch, wenn auch noch liegend, in die Rehaklinik transportiert werden. Da ich zu diesem Zeitpunkt nur wenige Minuten auf den Beinen stehen konnte, war krankengymnastische Behandlung nur im Bett und im Zimmer möglich.

Ein junger Arzt, der das Aufnahmegespräch führte, nahm sich viel Zeit für mich. Nachdem er sich intensiv mit mir und meinem Krankheitsbild beschäftigt hatte, erkundigte er sich danach, wo ich denn wieder hinkom-

Wie entsteht meine Wirklichkeit?

men, was ich denn erreichen wolle. Als ich übermütig äußerte, dass ich in vier Wochen schmerzfrei gehen und in acht Wochen wieder reiten wollte, konnte er mir nicht in die Augen schauen, als er fragte: »Ist Reiten denn so wichtig für das Leben eines Menschen?« Für mich war deutlich, dass er meine Vorstellung nicht teilte, was mich zwar heftig, aber zum Glück nur kurz entmutigte.

Meine Einstellung zur Rehaklinik, zu den Ärzten, Therapeuten und Maßnahmen schärfte sich in den ersten Wochen folgendermaßen: Hier befinde ich mich in einem System, in dem man an das glaubt, was logisch und realistisch möglich scheint, und all dies zusammen wird ein durchschnittliches Ergebnis bringen. Aus ihrer Sicht geben sie ihr Bestes, aber ich werde mehr brauchen, wenn ich aufs Pferd zurück will. Also nehme ich dankbar an, was sie mir bieten, und übernehme die volle Verantwortung für alles, was aus meiner Sicht darüber hinaus stattfinden muss.

Glücklicherweise haben wir eine Freundin, Kirsten Reska, Buchautorin, Fitnesstrainerin mit viel Erfahrung, Coach und Ernährungsberaterin. Zeitlebens werde ich ihr dankbar sein für ihre regelmäßigen Besuche, die vielen wertvollen Tipps für mein Zusatztraining, ihre Ernährungsberatung und die empfohlenen Nahrungsergänzungen. Unterstützt durch wertvolle Infos aus ihrem Netzwerk gelang es, mich so zu trainieren, dass die Therapiezeit optimal genutzt wurde. So konnte ich dank Kirsten die kleinen Fehler bei meinen eigenständig gemachten Übungen frühzeitig korrigieren und meinen Muskelaufbau unterstützen, als Sauerstoffüberschuss und rote Blutkörperchen in Verbindung mit zusätzlichem Eiweiß ihre Wirkung erzielten.

Nach drei Wochen war es soweit. Ich konnte zehn Minuten gehen, zur Behandlung die Therapieräume aufsuchen und am Wochenende inoffiziell für drei Stunden heimgeholt werden. Nach Hause zu kommen, Familie, Pferde und Hund wieder um mich zu haben – das war für mich nach sieben Wochen Klinikaufenthalt unglaublich Energie spendend.

Der mit Abstand mystischste Augenblick war für mich das Wiedersehen mit den Pferden. Meine Frau und meine Töchter hatten mir eine Liege an unserem überdachten Reitplatz im Garten aufgebaut. Kaum dass ich mich dort hingelegt hatte, kamen unsere damals elf Pferde und legten sich zu mir. Ich kann nicht beschreiben, was dieser magische Augenblick für meine Heilung bedeutete, aber ich kann es bis heute spüren.

In den folgenden Tagen trainierte ich noch intensiver, stets begleitet von einem einzigen Ziel, mit dem ich die ganze Woche allein war. Am folgenden Wochenende musste ich nämlich einem inneren Ruf folgend noch einmal inoffiziell für wenige Stunden nach Hause. Ich konnte mit niemandem darüber sprechen, weil ich verhindern wollte, dass bremsende Kräfte aufträten, waren doch Angst und Sorge in meinem Zustand auch nicht unbegründet.

Wie entsteht meine Wirklichkeit?

Am folgenden Wochenende verließ ich die Rehaklinik erneut für vier Stunden. Ein schönes Zuhause ist schon etwas sehr Heilsames, eine intakte Familie etwas Tragendes und beides zusammen ist so wertvoll und tat mir in meinem angeschlagenen Zustand unglaublich gut. Ich hatte meinen Plan und ohne wenigstens einen Versuch unternommen zu haben, wollte ich nicht zurück in die Klinik. Eine halbe Stunde, bevor wir zurück in die Reha fahren wollten, teilte ich meiner Familie mit: »Ihr müsst mir ein Pferd satteln.« Ich glaube, das war für alle Beteiligten mehr als spannend. Das Metallgestänge, die Platte, die Schrauben in meiner Wirbelsäule und die vielen anderen Baustellen in meinem Körper ...

Ausgewählt hatte ich Jessie, eine alte Stute meiner Tochter Maike. Dieses Pferd hatte ich selbst sehr sorgfältig ausgebildet und kannte es in- und auswendig. Bereits die Mutterstute hatten meine Frau und ich schon selbst gezüchtet, ihre Großmutter hatte meine Frau 1980 mit in unsere Ehe gebracht. Für mein erstes Aufsitzen nach diesem unglaublichen Unfall sollte Jessie meine Partnerin sein.

Das Aufsteigen ging besser als gedacht, auch ohne Hilfe. Rocky, unser Hund, rastete aus vor Freude. Acht Wochen waren wir nicht zusammen geritten, er wusste nicht, dass ich zurück in die Klinik musste. Aber das Pferd, der Hund und dieses unbeschreibliche Gefühl, dieser großartige Energieschub für meine Seele setzten sich über allen Schmerz und alles Leid hinweg.

SCHÖPFERKRAFT

»Ich muss noch ein Stück reiten«, hörte ich mich sagen. Alleine beim Schreiben fließen mir heute noch die Tränen, wie vor über fünf Jahren in diesem heiligen, mystischen Augenblick voll Dankbarkeit. Etwa 100 Meter hin und 100 Meter zurück bin ich geritten – 200 Meter Heilung pur, Heilung ganzheitlich. Heilung für Körper, Geist und Seele, Heilung für ein kleines Stück Menschheit. Egal wie schmerzhaft es war, Reiten könnte wieder möglich werden. Und meine Lieben trugen es mit, sie spürten, dass dieser Augenblick stattfinden und durchlebt werden musste.

Die nächsten drei Wochen Rehaklinik waren Training pur: das, was ich an Anwendungen bekam, und das Doppelte, was ich mir zusätzlich auferlegte, wenn niemand da war. Ich glaube, damals ist eine Sicherung durchgebrannt und ich habe ständig meine eigenen Grenzen erweitert. Und alle und alles haben mich unterstützt, sodass ich nach weiteren drei Wochen Reha und den vier Wochen Krankenhaus zuvor, also insgesamt elf Wochen Klinikaufenthalt, nicht mehr verlängert habe. Man hat mich ungern schon entlassen, aber mir war klar, meine Heilung fände daheim bei meiner Frau, meiner Familie, bei den Pferden, dem Hund und draußen in der Natur statt.

Es geht in diesem Buch nicht um mich, sondern es geht um das Leben und darum, wie man mit den wirklich großen Krisen im Leben umgeht. Immer, wenn ich heute genau dort entlangreite, wo ich es mir in hundert langen Nächten vorgestellt habe, und dann die Energie fließt, egal ob Sonne oder Regen mich begleiten, dann bin ich dankbar für das, was ich lange schon wusste und was ich mit diesem Buch weitergeben möchte. Noch einmal erinnere ich an die Worte Einsteins:

Logik bringt dich von A nach B, deine Vorstellungskraft bringt dich überallhin.

Es gibt ähnliche Geschichten, die ich erzählen könnte, von mir und anderen, aber ich denke, das ist nicht nötig. Du wirst in diesem Augenblick schon eigene Geschichten vor Augen haben, die dir bisher vielleicht gar nicht so bewusst waren. Und vielleicht ist es möglich, den Gedanken zuzulassen, dass wir mitwirken an unserem Leben, dass jeder von uns Schöpferkraft in sich trägt, einen göttlichen Funken, der uns Einfluss gibt, der uns vom Opfer zum Täter werden lässt und uns stark und einflussreich macht, wenn wir ihn erkennen, annehmen und leben können.

Bevor ich fortfahre, um zu beschreiben, was wir trainieren und welchen Menschen und Themen wir begegnen sollten, um unserer Schöpferkraft näherzukommen, möchte ich meine Essenz aus diesem ersten Kapitel ziehen.

Offensichtlich ist es so, dass wir Menschen viel denken. Bei genauem und bewusstem Hinschauen könnte man sogar meinen, wir denken ohne Unterbrechung. Und oft ist es uns nicht einmal wirklich bewusst, womit wir uns in unserer Gedankenwelt befassen.

Wodurch unser Denken beeinflusst wird, scheint sehr bunt und vielfältig zu sein. Bei mir selbst habe ich beobachtet, dass jeder meiner Gedanken gleichzeitig wie ein Zündfunke wirkt. Und das, was vergleichbar mit einem Motor anspringt, sind Gefühle. Diese beiden, der Gedanke und das entsprechende Gefühl, bilden eine Einheit, eine Wirkung, der eine Kraft innezuwohnen scheint, die ich als Schöpferkraft bezeichne. Ebendiese Schöpferkraft ist der Anfang von allem. Wir denken in Worten, Begriffen und bildhaften Vorstellungen. Daraus entsteht unsere Motivation zum Handeln, die ihre Resonanz im Kosmos findet. Bei Buddha heißt es:

Wir sind, was wir denken. Alles, was wir sind, entsteht aus unseren Gedanken. Mit unseren Gedanken formen wir die Welt.

Und Mahatma Gandhi sagt:

Der Mensch ist das Produkt seiner Gedanken. Er ist und wird, was er denkt.

Die beschriebenen Geschichten aus meinem Leben zeigen mir, dass es bei mir offensichtlich so ist. Ich habe mich viel mit einer Blockhütte auf der Weide befasst, umgeben von Pferden. Und so lebe ich heute: In einem Blockhaus inmitten von Pferden.

Ich habe mich auch intensiv mit einem Dach über unserem Reitplatz beschäftigt und hatte eine genaue Vorstellung davon. Heute reiten wir bereits seit 20 Jahren unter diesem Dach, bei Regen oder wenn uns danach ist.

Und offensichtlich habe ich viel darüber nachgedacht, an welchen Parametern ich eine Traumfirma erkennen kann. Bereits nach wenigen Jahren war die Traumfirma Wirklichkeit geworden, umgesetzt und konnte alle in meiner Firma wiederfinden.

In der größten, oben beschriebenen gesundheitlichen Krise meines Lebens habe ich mich Monate intensiv mit drei Zuständen befasst, die vielen – zugegebenermaßen manchmal auch mir – unrealistisch erschienen. Ich habe sehr viel Energie benötigt, um die Vorstellung aufrechtzuerhalten, eines Tages wieder zu reiten. Und heute reite ich wieder, mit Lust und voller Freude.

Wenn man mich heute fragt, was ich glaube, wie groß diese Kraft unseres Denkens denn ist, so antworte ich mit dem folgenden Zitat von Ralph W. Emerson:

Der Gedanke ist die eigentliche geistige
Großmacht, die die Welt beherrscht. Er ist
stärker als jede andere Kraft, mächtiger
als alle Materie.

SCHÖPFERKRAFT

Was mir bei mir selbst, in meinen zahlreichen Coachings und auch bei den vielen Menschen auffällt, die mir nahe sind, ist Folgendes: Oft neigen wir dazu, negativ, dunkel, aus Angst und Sorge oder aus Mangel zu denken. Dazu gesellen sich Eigenschaften wie Missgunst, Eifersucht oder Konkurrenzdenken, die ich als geistiges Gift bezeichne.

Viel weniger denken wir hingegen aus Liebe, Faszination und Überfluss positiv, aufbauend oder barmherzig. Uns ist nicht bewusst, dass aus unserem Denken scheinbar alles andere entsteht, nicht zuletzt auch unser Schicksal und Glück. Die Dinge, die uns nicht gefallen, schieben wir gerne auch einmal anderen in die Schuhe. *Die Gedanken sind frei* heißt es in einem alten deutschen Volkslied. Wir haben es in der Hand, uns darüber bewusst zu werden und danach zu handeln – zu unserem eigenen Wohl und zum Wohle aller.

In unserem Kopf stehen sich die hellen und die dunklen Gedanken wie zwei junge Ziegenböcke gegenüber. Der, den wir am meisten unterstützen und am besten füttern, wird die Richtung vorgeben.

Wie entsteht meine Wirklichkeit?

Es gewinnen diejenigen, denen wir mehr
Aufmerksamkeit schenken.

Ich habe lange gebraucht, um diese Erkenntnis in meinem Leben umzusetzen. Mögen viele Menschen durch dieses Buch früher mit diesem göttlichen Funken, der jedem von uns innewohnt, in Berührung kommen.

Heute kann ich nur zustimmen, wenn ich von den Alten lese, die es erlebt und beispielsweise wie folgt formuliert haben:

Ihr Denken und Ihr Fühlen gestaltet Ihr Schicksal. – Dr. Joseph Murphy

Unser Leben ist das Produkt unserer Gedanken. – Marc Aurel

Glück hängt nicht davon ab, wer du bist oder was du hast; es hängt nur davon ab, was du denkst. – Dale Carnegie

SCHÖPFERKRAFT

Wenn ich das in einem Bild darstellen sollte, würde ich die Kaskade des Denkens von Michael Buchholz aus seinem Buch *Alles was du willst* wählen ...

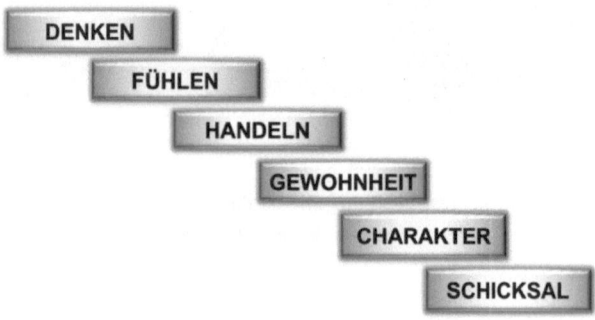

... und sie folgendermaßen ergänzen:

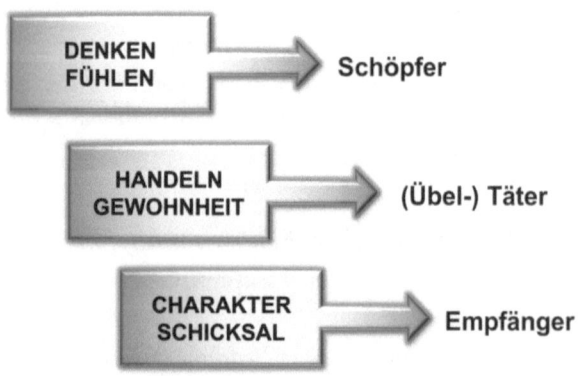

Wie schon der Volksmund sagt: »Der Gedanke ist das Saatkorn der Tat.« Durch unsere Gedanken gestalten wir unseren Anteil an Schöpfer, Täter, Übeltäter oder

Wie entsteht meine Wirklichkeit?

Empfänger. Arthur Lassen, einer meiner nachhaltigsten Trainer für positives Denken, sagte einmal:

Jeder Gedanke hat grundsätzlich *das Bestreben, Wirklichkeit zu werden. Lade ihn kräftig auf mit deiner Liebe und deinem Enthusiasmus, wiederhole ihn häufig, lass los und schau, was geschieht.*

Unsere Gedanken scheinen wie Radiowellen in den Kosmos zu gehen und werden wie von Zauberhand mit anderen verknüpft. Im Idealfall entsteht daraus Leichtigkeit, wie die nachfolgende Geschichte zeigt:

In den vergangenen Wochen bin ich sehr oft gefragt worden, ob das Leben nicht auch einmal leicht sein kann. Offensichtlich gestaltet sich der Beginn des neuen Jahres für einige noch schwer. Doch das kennen wir alle: Manchmal führt alles Tun und Machen nur mühselig oder auch gar nicht zum Erfolg. Mitunter geht es allerdings auch sehr leicht und das Leben findet Lösungen, die unser Verstand nicht hätte erdenken können. So erzähle ich gerne, wie es mir im Sommer 2016 mit einem kleinen, nicht spontan zu lösenden Problem erging.

Der Samstag war wieder einmal viel zu kurz. Das geschieht nicht selten, wenn man auf einem Pferdehof lebt, wo die Arbeit nie aufhört. Das Wetter war so gut, dass wir draußen arbeiten und den Tag voll nutzen konnten. Die letzte Aktion des Tages sollte das Mulchen einer kleinen Weide sein – unbedingt sinnvoll vor dem nächsten Regen.

Als ich gestresst zu unserem alten Traktor – einem Hanomag, der fast so alt ist wie ich – in den Schuppen kam, war ein Hinterrad platt. Das passte natürlich gar nicht in meinen Plan, zumal ich eine solche Reparatur nicht selbst durchführen kann. Doch wer reparierte überhaupt so etwas? Die alte Werkstatt im Nachbarort? Ein normaler Reifendienst? Am Samstagabend? Eine spontane Lösung war nicht in Sicht. Der Regen war für Montagnachmittag angesagt und mit der Suche nach einer Lösung konnte ich erst am Vormittag beginnen, wenn die Werkstätten wieder geöffnet waren – zu spät, sollte sich der Regen an den Wetterbericht halten. Es blieb mir nichts anderes übrig als loszulassen, die Lösung dem Zufall zu überlassen oder am Montag ab acht Uhr zu telefonieren. Damals fiel es mir immer noch nicht leicht, etwas einfach geschehen zu lassen, weil ich immer darauf ausgerichtet war zu handeln, und nicht darauf, etwas einfach sein zu lassen.

Am Sonntag war das Wetter noch toll und so ritt ich schon früh mit meinem Freund Michael los. In dem sehr großen zusammenhängenden Waldgebiet, in dem wir unterwegs waren, trifft man für gewöhnlich kaum eine Menschenseele. Auf dem Heimweg kam mir spontan die Idee, meinem Freund eine alte, längst verfallene, sehr abseits liegende Ruine mitten im dichten Wald zu zeigen. Als Jugendliche hatten wir dort vor über

Wie entsteht meine Wirklichkeit?

vierzig Jahren am Wochenende oft Partys am Lagerfeuer gefeiert. Ich freute mich sehr, das alte Gemäuer auf Anhieb gefunden zu haben.

Als wir uns mit den Pferden zurück aus dem Dickicht auf den sehr schlechten Waldwirtschaftsweg bewegten, kam es um Haaresbreite zu einem Unfall. Ja, tatsächlich, dort wo man normalerweise fast nie jemanden trifft, fuhren uns zwei Mountainbiker fast in die Pferde! Kaum zu glauben, oder? Irgendwie war das Ganze so verrückt, unerwartet, seltsam und auch ein wenig peinlich. So mussten noch ein paar Worte gewechselt werden. Die Biker trugen Helm, Brille und Halstuch, waren sozusagen vermummt, wir hingegen sicher gut zu sehen. An den Stimmen erkannten wir eine Frau und einen Mann ... Und diese Männerstimme kam mir doch bekannt vor! »Dich kenn ich doch«, hörte ich mich noch sagen, schon zog er Brille und Helm ab. Vor uns stand Patrick vom Reifendienst, der seit Jahrzehnten unsere Autoreifen wechselte. Sofort fiel mir mein platter Traktorreifen ein. Ich schilderte mein Problem, das für Patrick keines war, wie er erklärte. Er würde mir gleich am Montagmorgen einen Mitarbeiter vorbeischicken und um zehn Uhr sollte das Problem behoben sein. So hat es sich dann auch zugetragen und ich konnte die kleine Weide noch vor dem Regen mulchen.

Wir nennen es Zufall und vielleicht mag jeder selbst in seinem Leben prüfen, was geschieht, wenn man an Lösungen glaubt, die nicht direkt zu erkennen sind,

SCHÖPFERKRAFT

und sie dem Zufall überlässt. Ich selbst beobachte, wie mir immer häufiger Dinge zuzufallen scheinen, je klarer ich denke, je mehr ich im Vertrauen bleibe, im richtigen Augenblick loslasse und präsent im Hier und Jetzt bleibe, um die Geschenke des Lebens auch erkennen und annehmen zu können.

»Sobald der Geist auf ein Ziel gerichtet ist,
kommt ihm vieles entgegen.« (Goethe)

Siglinda Oppelt beschreibt es in ihrem 2011 erschienenen Buch *Quantensprung im Business* so:

Die zentrale Aussage (...) (der Quantentheorie) ist, dass die Welt, die wir erleben, unsere eigene Schöpfung ist und jeder Einzelne einen wesent-

Wie entsteht meine Wirklichkeit?

lich größeren Einfluss auf das hat, was ihm »widerfährt«, als wir gemeinhin glauben.

Unsere Sende- und Empfangsstation

Jeder Mensch, der auf seinem Hals einen Kopf spazieren trägt und diesen ausreichend mit Blut und Sauerstoff versorgt, besitzt eine extrem leistungsfähige Sende- und Empfangsstation. Was er damit macht, entscheidet jeder selbst.

Was also hindert uns daran, einmal drei Dinge zu beachten: Was denke ich? Was sende ich? Was empfange ich?

Kapitel 2
Die sieben Trainings

Wenn ich auf mein Leben zurückblicke, fällt mir auf, wie wenig ich am Anfang von dem konnte, was später ganz selbstverständlich für mich war. Ich konnte weder laufen, lesen, schreiben, rechnen noch Fahrrad fahren oder reiten. Alles musste ich lernen und trainieren, um diese Fertigkeit in einer bestimmten Qualität zu erlangen. Warum sollte es also mit der Anwendung der Schöpferkraft anders sein?

Seit über 50 Jahren reite ich nun auf dem Rücken von Pferden und immer wieder kommt etwas hinzu, das mir meine Wirkung nach außen noch bewusster werden lässt, um weiterhin etwas ändern, verbessern, verfeinern, abstellen oder hinzunehmen zu können. Glücklicherweise habe ich in all den Jahren auch mit Pferden gelebt, gespielt und gearbeitet. Eine ihrer Kernbotschaften für mich haben sie mir so lange in einer Frage gestellt, bis ich sie endlich gehört und verstanden habe: »Ist dir bewusst, dass du immer wirkst?«

Mit dieser Frage war ein langer, intensiver und unglaublich wichtiger Prozess in meinem Leben verbunden. Es ging darum zu erkennen, was es mit mir zu tun hat, wenn ein Pferd sein Tempo verändert, wenn es

SCHÖPFERKRAFT

langsamer oder schneller wird, von mir weggeht oder zu mir kommt, wenn es eine Aufgabe gut oder weniger gut macht, wenn es mich versteht oder ganz offensichtlich nicht versteht. Ja, erst allmählich erkannte ich meinen Eigenanteil an der Bewegung und Reaktion der Pferde und lernte, ihn anzunehmen. Ich begann, damit zu spielen und mich in Ursache und Wirkung zu verfeinern.

Zunehmend habe ich realisiert, dass ich anders wirke, wenn ich dunkle, traurige, destruktive, ängstliche oder sorgenvolle Gedanken im Kopf habe, als wenn ich gut drauf bin, wenn ich fasziniert und voller Liebe bin für das, was ist. Immer mehr ist mir klar geworden, welche Kraft und Möglichkeit von mir ausgeht, wenn ich ganz im Hier und Jetzt bin, mich vollkommen auf den Augenblick einlasse und weder über Vergangenes grüble noch mir Sorgen um die Zukunft mache.

Erst als mir im Kern bewusst war, was meine Wirkung bei den Pferden auslösen kann, konnte ich sie auch bei den Menschen meiner Umgebung, in meiner Familie, der Firma und bei meinen Kunden erkennen. Denn erst dann, wenn einem wirklich bewusst ist, dass man immer wirkt, beginnt man bewusst zu wirken und wird zum bewussten Schöpfer von Dingen, Augenblicken und Situationen. Und wenn man andere Menschen in diesen Prozess mitnimmt, kann man auch beginnen, als Gruppe zu wirken. So können sich zum Beispiel auch Familien, Vereine, Firmen und Teams ihrer Wirkung und Schöpferkraft bewusst werden und gemeinsam Unglaubliches erreichen. Aber was ist, wenn es einmal nicht so leicht fließt? Was, wenn es einmal gar nicht mehr rundläuft im Leben, wenn Krankheit, Not, Sorge, Verzweiflung nach dir greifen, wenn das Leben scheinbar zur Hölle wird? Wo kannst du eine Lösung finden? In der Bibel steht: »Das Reich Gottes ist inwendig in euch«, und wie bereits zu Anfang erwähnt, sagt Henry David Thoreau: »Was vor uns liegt und was hinter uns liegt, sind Kleinigkeiten im Vergleich zu dem, was in uns liegt. Und wenn wir das, was in uns liegt, nach außen in die Welt tragen, geschehen Wunder.«

Auch möchte ich in diesem Zusammenhang nochmals auf die Worte von Buddha, Einstein, Gandhi und Marc Aurel hinweisen, die einige Seiten zuvor zitiert wurden. Das, was in uns stattfindet, ist das Denken und so gilt es also, unser Denken zu trainieren. Um die Wirksamkeit des Denkens zu erhöhen, um immer mehr Energie in Richtung unserer eigenen Schöpferkraft freizusetzen, empfehle ich spezielle Trainings, die dir anfänglich vielleicht etwas merkwürdig erscheinen mögen. Dennoch möchte ich dich ermutigen, auch dann den Versuch zu unternehmen, mir zu folgen, wenn dies einmal zutreffen sollte. Dazu fallen mir die Worte Einsteins ein:

Wenn eine Idee am Anfang nicht absurd klingt, dann gibt es keine Hoffnung für sie.

1. Training:
Einheit

Das erste Training nenne ich Einheit. Es gilt, sich in dem Bewusstsein zu üben, dass alles EINS ist. So wie unser Körper eins ist mit all seinen Zellen, Organen, Muskeln, Knochen, Gefühlen und Sinnen, sind auch wir nicht getrennt, sondern sind Teil von etwas ganz Großem.

Ich weiß, dass es schwer ist, daran zu glauben, auch Teil von Überfluss zu sein, wenn man gerade im totalen Mangel lebt. Wenn Angst und Sorge einen geradezu auffressen, ist es alles andere als leicht, sich vorzustellen, dass Liebe und Faszination einem Flügel verleihen, die einen überallhin tragen. *Alles ist EINS* ist eine sehr große und umfängliche Idee und mir ist bewusst, dass wir sie mit unserem begrenzten Verstand nicht in seiner Gesamtheit erfassen können und das Bild, das wir uns davon machen, nie vollständig sein kann.

Um nachvollziehbarer zu machen, was ich mit diesem Training bezwecke und was ich vermitteln möchte, biete ich dir folgendes Bild als Hilfestellung an: Stell dir vor, alles ist Schwingung, alles hat eine Frequenz und in diesem Kosmos sind alle Frequenzen vorhanden, wahrlich alle. Wir Menschen sind ver-

SCHÖPFERKRAFT

gleichbar mit einem Radio, können selbst am Knopf drehen und die Frequenz verändern. Wir können entscheiden, welchen Sender wir hören möchten, oder wir können andere an unserem Knopf drehen lassen und die Melodie hören, die ein anderer einstellt. Mittlerweile glaube ich, dass wir die hellsten und die dunkelsten Frequenzen erreichen können, dass wir in der Lage sind, in unserem Leben mit dem Himmel und der Hölle in Berührung zu kommen. Natürlich ist es etwas komplizierter, weil wir nicht allein auf dieser Welt und im Kosmos sind, sondern weil viele andere auch – bewusst oder unbewusst – mit ihren und unseren Frequenzen arbeiten. Wir sind nicht nur ein Ich, sondern auch Teil eines Wir, zum Beispiel einer Familie, einer Firma oder einer anderen Gruppe.

Bleiben wir zunächst erst einmal ganz konkret bei uns, denn da ist unser Einfluss am größten und am unmittelbarsten spürbar. Ich möchte dies gerne wieder anhand eines Beispiels aus meinem Leben verdeutlichen: Im Jahr 2004 war ich noch vollständig als geschäftsführender Gesellschafter unseres Ingenieurbüros für Tiefbau tätig. Mein früherer Büroleiter war seit ein paar Jahren mein Partner, besaß Anteile an der GmbH, war zudem Geschäftsführer, der bessere Ingenieur und als mein Nachfolger vorgesehen. Zu unseren Fachgebieten gehörten vorwiegend Kanalbau, Straßenbau und Wasserleitungsbau. Im Tagesgeschäft war ich demnach in erster Linie auf folgender Frequenz unterwegs: Ingenieurbüro Tiefbau, Kanalbau, Straßenbau, Wasserleitungsbau. Dementsprechend spielte sich Senden und Empfangen hauptsächlich auf dieser beruflichen Frequenz ab. Telefonieren, persönliche Kontakte, Schriftverkehr, Berechnungen, Honorare, Termine – fast alles im täglichen Geschäft rankte sich um diese Frequenz. Das sendete ich, da wurde ich empfangen und umgekehrt. Am Jahresende verkaufte ich meine kompletten Mehrheitsanteile vollständig und gut vorbereitet an meinen Nachfolger.

Im Jahr 2005 begann ich, verstärkt über Trainings, Seminare und Workshops für Führungskräfte nachzudenken und stellte dadurch gewissermaßen eine ganz andere Frequenz ein. Zunächst begab ich mich gedanklich und parallel dazu auch gefühlsmäßig und schließlich handelnd in eine vollkommen andere Welt. Ein Jahr später war diese neue Welt, diese neue Frequenz und Melodie meines Lebens zur tragenden, herausragenden geworden. Wenn nun jemand anrief, ging es um meine Termine und wenn ich schrieb, ging es um Seminare, Workshops und Führungskräftetrainings. Im Jahr zuvor war ich noch weitgehend entfernt vom Leben eines Führungskräftetrainers und stark verbunden mit dem eines Ingenieurbüro-Inhabers gewesen. Ende 2005 sah es dagegen ganz anders aus.

Die Frage ist also: Womit will ich noch in Berührung kommen in meinem Leben, auf welcher Frequenz möchte ich unterwegs sein? Lassen mein begrenzter Verstand und mein vielleicht schon stark geschädigtes Urvertrauen überhaupt noch zu, dass ich einmal eine

SCHÖPFERKRAFT

vollkommen andere Frequenz einstelle oder ersticke ich selbst schon den kleinsten Versuch im Keim? Die Kunst ist, klein anzufangen und dann zu trainieren, trainieren, trainieren. Wir könnten bis heute nicht laufen, hätten wir nicht unermüdlich geübt.

Alles ist EINS nimmt, je länger man sich damit befasst, eine zunehmend größere Dimension ein. Wenn mir beispielsweise bewusst wird, dass wir alle EINS sind in der Firma, dann höre ich auf, schlecht über Kollegen zu sprechen, sonst schwäche ich mich ja selbst. Wenn ich EINS bin mit dem, was ist, dann möchte ich, dass die Tomate, die ich esse, gesund ist und jeder, der sie von der Saat über die Ernte bis zum Verkauf angefasst hat, möglichst gesund und glücklich war. Anselm Grün, einer der ganz bekannten spirituellen Lehrer unserer Zeit, hat einmal gesagt:

> *Aufmerksamkeit und Achtsamkeit*
> *beschreiben die Kunst, EINS zu sein*
> *mit sich selbst und allen Dingen.*

Alles, womit wir uns gedanklich befassen, bereit dafür zu sein, scheint bereit zu sein, in unser Leben zu kommen – also auch das, was wir nicht wollen. Als jemand, der keinen Alkohol trinkt, denke ich nach jedem Vortrag noch immer, dass ich hoffentlich keinen geschenkt bekomme. Jedoch enden weiterhin 90 Prozent meiner Vortragsveranstaltungen damit, dass mir mindestens eine Flasche Wein überreicht wird.

Vergangenes Jahr ließ sich absehen, dass unsere Tochter Anne im Winter nicht wie üblich Trainingspferde bei einer Freundin auf einem benachbarten Reiterhof unterstellen konnte. Für zusätzliche fremde Pferde ist unser Hof im Winter eigentlich zu klein. Und für mich ist es ein Alptraum, ein Drittel meiner Zeit der Stallknecht unserer Tochter zu sein und in einem nur bedingt geeigneten Offenstall vier zusätzliche Pferde zu füttern, zu tränken und zu misten. Und was geschah? Wer hatte in diesem Winter die zusätzliche Arbeit?

Die Essenz aus diesem Training zum Thema Einheit ist also: Auf welcher Frequenz genau will ich mich bewegen? Was entspricht mir? Was ist genau meins – beruflich, privat, sportlich, urlaubsmäßig, einkommensmäßig? Das, womit ich mich befasse, gibt die Richtung vor, in die ich mich auf dem Weg zu mir bewege. Denn ich bin verbunden, bin EINS mit allem, was ist. Oder um es mit Siglinda Oppelts Worten auszudrücken:

Die Schöpfung ist nicht abgeschlossen. Sie vollzieht sich in jedem Augenblick neu. Wenn Sie sich eine Zukunft vorstellen können, bevor Sie sie materiell erlebt haben, dann leben Sie nach dem Quantengesetz.

2. Training:
Polarität

Das zweite Training nenne ich Polarität. Darunter verstehe ich den Umgang mit der Tatsache, dass immer auch das Gegenteil dessen möglich ist, was gerade ist. Überall in der Natur und im Leben finden wir Polarität: kalt und warm, hell und dunkel, Tag und Nacht, Sommer und Winter, Erfolg und Misserfolg, Gut und Böse.

Das Beispiel vom Glas, das halb leer oder halb voll ist, kennen die meisten. Entsprechend der Betrachtung und Sichtweise einer Person des halb vollen oder halb leeren Glases, lässt sich häufig auch schon etwas von ihrer Lebenseinstellung erkennen. Auch hier geht es wieder darum wahrzunehmen, wohin ich meine Aufmerksamkeit lenke, zum Teil oder zum Gegenteil. Denn beides ist möglich, aber dasjenige, zu dem meine Energie, also meine Aufmerksamkeit fließt, das wächst. Im Raum der unendlichen Möglichkeiten bestimmt der Geist unsere Fahrtrichtung. Unsere geistige Qualität bestimmt sowohl Qualität als auch Quantität unserer Ergebnisse mit. Auch hier möchte ich wieder konkrete Beispiele nennen, damit du dein Verständnis schärfen und das Gesagte leichter ins alltägliche Leben übertragen kannst.

SCHÖPFERKRAFT

Denken wir noch einmal an das bereits beschriebene Projekt der Überdachung unseres Reitplatzes und an die Aussage des Architekten: »Keine Chance, es gibt kein Baurecht, aussichtslos.« Meine Faszination, meine Vision, mein brennendes Verlangen für die Realisierung sagten mir hingegen, dass es doch möglich sein müsse. In meiner Gedankenwelt ging es wie ein Pendel hin und her: Reithalle möglich – Reithalle nicht möglich. Das, wohin unsere Aufmerksamkeit fließt, das wächst: *Die Logik bringt dich von A nach B* ... kein Baurecht, *die Vorstellungskraft bringt dich überallhin* ... in die offene Reithalle.

Die Vorstellungskraft bringt dich auch zum Gegenteil, das schildert das folgende Beispiel aus der Zeit nach meinem Unfall in der Rehaklinik. Damals ging es gedanklich darum, ob ein Zurück in mein altes Leben, inklusive Reiten, wieder möglich oder ob ein gemütliches Frührentnerleben im Fernsehsessel die Folge sein würde. Logisch war in meinem damaligen Zustand der Fernsehsessel und auch allemal realistischer. Ich fühlte mich wie in einer Talsohle: Links ragte der Fernsehsessel hoch, rechts der Pferderücken, links die Berufsunfähigkeitsrente, rechts das gute Einkommen aus Vorträgen, Seminaren und Coachings.

Damals, als ich ständig an die bescheidenen Grenzen meines sehr langsam heilenden Körpers stieß und die Schmerzen 70 Prozent meiner vorhandenen Lebensenergie aufbrauchten, war es manchmal schwer, meine Vision aufrechtzuerhalten. Wie oft habe ich im

Die sieben Trainings

Kopf gerechnet, gezweifelt und es nicht geschafft. Aber irgendwie war meine Vision ein bisschen größer und ich begann, mich von den Patienten in der Rehaklinik fernzuhalten, die ständig von Rente und den Vorzügen des Versorgtseins sprachen. Etwas in mir begann, sich vollkommen darauf auszurichten, es zu schaffen und blickte nicht mehr in die andere Richtung. So trainierte ich bewusster, immer gezielter und steigerte meine Leistung. Zusätzlich richtete ich meine Ernährung neu aus, entwickelte ein eigenes Atemtraining für meine geschädigte Lunge und mit der umfassenden Unterstützung von Familie, Freunden und Therapeuten habe ich es schließlich geschafft.

Eine weitere, ganz andere Geschichte soll die Wichtigkeit unterstreichen, die ich den beiden Polen beimesse. Es gab immer eine Reihe starker Ingenieurbüros in unserer Region und in meinem letzten Jahr als Ingenieurunternehmer verabschiedete ich mich persönlich von einigen Mitbewerbern. Mit einem von ihnen traf ich mich in einem Café. Solange ich selbstständig war, waren wir Kollegen und Mitbewerber im selben Fachbereich in der gleichen Region.

Schon zu Beginn unserer Unterhaltung klagte er darüber, wie schwer es in der Branche geworden sei, dass er mit seinem Ingenieurbüro seit Jahren keinen Gewinn mehr erzielte und es ihm keine Freude mehr bereitete. In den vergangenen Jahren war seine Firma um die Hälfte geschrumpft, in der gleichen Zeit hatten wir in meiner Firma hingegen die Mitarbeiterzahl ver-

SCHÖPFERKRAFT

doppelt. Wir hatten, obwohl es wirklich ungewöhnlich war in dieser Zeit, immer einen guten Überschuss erzielt. Ich fragte ihn damals, ob ich ihm mein Rezept nennen solle für unseren anhaltenden Firmenerfolg, und er stimmte zu. Sofort begann ich, von unseren tollen Mitarbeiterinnen und Mitarbeitern zu schwärmen und zu erzählen, wie ich mich mit diesen Menschen befasst hatte, wo sie herkamen, was sie ausmachte und wer sie waren. Ich hatte mich bemüht, sie in der Firma in eine Position zu führen, die ihnen entsprach und in der sie Anerkennung und Wertschätzung bekamen.

Mein Mitbewerber wehrte mit folgender Begründung ab: »Das Thema Mitarbeiter habe ich abgeschlossen, die interessieren mich nicht weiter. Nach allem Bemühen um diese Menschen musste ich feststellen: Sie wollen nicht mehr tun als nötig. Sie interessieren sich nicht für die Firma. Sie wollen viel verdienen und möglichst wenig dafür tun.« Ich merkte sofort, dass ich dieses Thema nicht zu vertiefen brauchte.

In einem zweiten Versuch erzählte ich ihm von unseren Kunden, mit denen ich mich auch viel befasst hatte und die fast alle zu Geschäftsfreunden geworden waren. Die meisten waren auch seine Kunden, die gleichen Menschen also. Doch er unterbrach mich: »Mit diesen unangenehmen Menschen möchte ich am liebsten nichts zu tun haben. Sie wollen doch nur den letzten Euro aus uns rauspressen. Sie lassen unsere Rechnungen viel zu lange liegen, suchen nach fadenscheinigen Mängeln und kürzen willkürlich und ungerechtfertigt unser Honorar.«

Mir war sofort klar, dass wir beide uns in den vergangenen Jahren auf den jeweils anderen Pol konzentriert hatten. Ich hatte mich mit dem Positiven in den Menschen befasst, er mit dem Negativen. Ich empfand Wertschätzung für meine Kunden und Mitarbeiter, mein Mitbewerber empfand vorwiegend Geringschätzung. Ich erntete viel Wertschätzung und es ergab sich regelrecht eine Wertschöpfung, bei ihm war genau das Gegenteil eingetreten. Ich hatte mir immer wieder vorgestellt, wie unsere Firma und wir als Menschen angesehen und wertgeschätzt wahrgenommen wurden, wie die Kunden gerne mit uns arbeiteten und respektvoll mit uns umgingen.

In allem, was ich bisher erzählt habe, kann ich feststellen: Die Wahrnehmung folgt der Vorstellung. Jeder Mensch hat die Chance, in allem das Gute oder das Schlechte zu erkennen, den Pol oder den Gegenpol. Das, worauf ich blicke, wird sofort zunehmen. Wie bereits gesagt: Es geht hier nicht um mich und mein Erlebtes. Ich erzähle diese Geschichten, um dein Bewusstsein dafür zu schärfen, wohin du deine Energie richtest, welches Feld du fütterst, denn:

Das Feld ist die alleinige Kraft, die die Materie bestimmt. – Albert Einstein

3. Training:
Selbsterkenntnis

Erkenne dich selbst, heißt es in einer viel zitierten Inschrift am Apollontempel von Delphi, als deren Urheber Chilon von Sparta, einer der Sieben Weisen gilt. Ich kenne diesen Satz schon aus Schulzeiten, aber welche Bedeutung er in meinem Leben einnehmen würde, vermochte ich damals nicht annähernd zu erfassen.

Es scheint viele Jahre zu brauchen, bis wir Menschen feststellen, dass wir den Rest unseres Lebens mit uns selbst verbringen müssen. Wir sind ein Wunderwerk aus genetischer Veranlagung, kosmischem Strickmuster, einer sehr persönlichen Lebensgeschichte aus Familientradition, Überzeugungen, Erlerntem, Erlebtem und vielem mehr. Und nach heutigem Wissensstand sind auch wir nur Teil eines wundervollen Ganzen.

Allerdings ist der Mensch ein Teil, der mehr als alle anderen Teile die Fähigkeit besitzt, über sich nachzudenken, sich selbst zu erkennen und sich seines Anteils am Geschehen bewusst zu werden. Auch hier will ich weder ›bewusst‹ in einen wissenschaftlichen Zusammenhang stellen, noch beabsichtige ich, eine Wahrheit zu verkünden oder zu begründen. Es geht mir lediglich

SCHÖPFERKRAFT

darum, für dich niederzuschreiben, was mir bei der Betrachtung meines Lebens und des Lebens sehr vieler Menschen, die voller Vertrauen mit mir an ihren Kernthemen gearbeitet haben, aufgefallen ist. Denn je mehr man den Eigenanteil an dem erkennt, was im eigenen Leben und in seinem Umfeld geschieht, desto größer wird der Einfluss auf die Zukunft. Der Opferanteil in einem selbst wird kleiner und der Täteranteil wächst.

Weiter vorne habe ich bereits beschrieben, dass wir im Denken und in den Gefühlen, die wir damit auslösen, Schöpferkraft besitzen. Wir initiieren etwas, wir setzen einen Motor in Gang und wenn wir die Trägheit überwinden, dann bringen wir etwas in Bewegung.

Fragt man mich, ob wir Einfluss auf das Leben haben, dann kann ich nur immer wieder auf die Beobachtungen hinweisen, die ich gemacht habe. Unsere Wirkung beginnt spätestens in dem Moment, in dem wir beginnen zu denken. Wir wirken auf das hin, mit dem wir uns befassen, und dem Kosmos scheint es egal zu sein, was es ist, ob es uns fasziniert oder uns Angst macht. Unsichtbar greift eine Kraft nach dem, worüber wir nachdenken, und jeder Gedanke hat das Bestreben, Wirklichkeit zu werden. *Der Gedanke ist das Saatkorn der Tat*, heißt es im Volksmund und so finden wir es auch in den Aussagen der Weisen.

Wenn wir uns in der Erkenntnis unseres Selbst trainieren, dann können wir anfangen zu beobachten, was in unseren Gedanken vorgeht. Dabei scheint es nicht um jeden einzelnen der vielen Tausend Gedanken zu gehen, die wir täglich denken, sondern vielmehr um die Kernthemen, mit denen wir uns befassen. Erkenne, womit du dich in Gedanken viel befasst, und achte auf die Emotionen, die damit einhergehen. Sind es gute Gefühle, bist du dabei zu bewirken, was du willst. Sind es schlechte Gefühle, lenkst du deine Energie gerade auf etwas, was du nicht wirklich möchtest. Diese Auffassung ist sehr vereinfacht ausgedrückt, sollte an dieser Stelle aber erst einmal ausreichen.

In diesem Prozess tauchen zwei Bösewichte auf, die der sich selbst erkennende Mensch unbedingt identifizieren sollte: Sind es Gedanken, die aus Angst oder Gedanken, die aus Verletztheit gedacht werden?

Gedanken dieser Art bereichern weder unser Leben noch bringen sie uns dahin, wo wir hinwollen und uns wohlfühlen. Dies sind zwei sehr große Kräfte, die in vielen Menschen wirken, ohne dass uns wirklich bewusst ist, was sie anrichten können. Mit diesen Gedanken ist viel geistiges Gift verbunden, Gefühle wie Hass, Neid, Missgunst und Eifersucht. Diese führen in der Regel zu Mangel statt zu Überfluss. Die Konsequenz daraus muss sein, dass wir uns unseren Ängsten stellen, unserer Verletztheit und unserem Mangel und dass wir erkennen, wie wir sie selbst nähren und in uns am Leben halten.

Die Folge ist aber auch, dass wir uns im nächsten Schritt in unseren Gedanken mit dem Gegenteil befassen und beobachten, wie sich unsere Gefühle verändern. Dort sollten wir uns gedanklich und gefühlsmä-

SCHÖPFERKRAFT

ßig hineinbegeben und dann verfolgen, was geschieht. Das bedeutet, wir beobachten, wo wir uns selbst plötzlich hinbewegen und was sich auf uns zubewegt, wie von einer unsichtbaren Kraft gesteuert. Die Natur ist nicht nur Mangel, sondern auch Überfluss, sie ist alles und das in allem. Die Frage ist, womit sind wir in Berührung und wie erkennen wir unseren Eigenanteil daran?

Im nächsten Schritt entwickeln wir also konsequentes Denken aus Faszination und Liebe, aus Wohlwollen und Überfluss. Es ist sinnvoll, sich morgens, mittags, abends und zunehmend auch zwischendurch mit dem zu befassen, was wir wirklich wollen, was uns Flügel verleiht, was uns und der Welt guttut. Sich selbst zu erkennen, heißt für mich, sich damit auseinanderzusetzen, was man im Leben wirklich erreichen möchte. Das sind einerseits die ganz großen Dinge, aber andererseits auch das, was uns im Alltäglichen wichtig ist. Sich selbst zu erkennen heißt, sein Original, sein Wesen zu erkennen und dem Ausdruck zu verleihen.

Es bedeutet zu erkennen, was einem Freude macht, wofür man Talent hat, was die eigenen Werte sind, was das Wertvollste ist, das man zu geben hat – das alles ist Selbsterkenntnis. Wer bin ich, woher komme ich, wohin will ich? Welche Regeln, Gesetze, Glaubenssätze habe ich übernommen oder mir selbst auferlegt, die mein Leben arm und eng machen? Es gilt herauszufinden, wie wir selbst ticken und welche Reize welche Reaktionen bei uns auslösen. Wenn wir uns in Selbsterkenntnis üben, dann werden wir einer inneren, souveränen, heilen Mitte näherkommen – dem ewig heilen Kern unserer Seele – und von dort aus unser Leben gestalten. Wenn wir uns selbst erkennen, den Reiz wahrnehmen, der in uns ausgelöst wird und was er mit uns zu tun hat, dann können wir wählen. Dementsprechend wird unsere Reaktion eine andere und unser Leben entwickelt sich in eine andere Richtung. Es ist wunderbar, wenn man sich selbst kennenlernt und erfährt, wie man tickt und was man auslöst.

Dazu möchte ich wieder eine Geschichte aus meinem Leben erzählen und gleichzeitig noch einmal daran erinnern, dass es hier nicht um mein Leben geht, sondern dass ich nur ein Beispiel bin.

Sehr prägend für mein Leben ist die Tatsache, dass ich als ältester Sohn geboren wurde. Meine Mutter erzählte mir oft, wie wichtig es für meinen Vater war, endlich einen Sohn zu bekommen. Damit war für ihn viel Hoffnung verbunden, möglicherweise auch der Wunsch nach einem perfekten Nachfolger. Wie enttäuschend muss es gewesen sein, dass meine schulischen Leistungen oft sehr schlecht waren. Immer wieder musste ich hören: »Ging das nicht besser, schneller, höher, weiter?« Ein hoher Anspruch, der sich möglicherweise irgendwann auf das Kind überträgt. Und irgendwann wird er zum eigenen Anspruch und zur inneren Verzweiflung, wenn man dem nicht gerecht werden kann.

Also, ich muss es gut machen, egal was es ist, sonst ist mein Vaterintrojekt – so wie mein Vater mich gerne gesehen hätte – nicht zufrieden. Soweit die Vorgeschichte.

Vor vielen Jahren bildete ich parallel zwei Wegbegleiter aus. Einer von ihnen war Cisco, ein junger Paintwallach, den wir zweieinhalbjährig gekauft hatten, und der andere war Rocky, ein junger langbeiniger Jack Russel Terrier. Bestimmt drei Jahre lang unternahm ich regelmäßig Ausritte mit dem Pferd und der Hund war vom fünften Monat an immer dabei. Es war spannend zu erleben, wie lange es dauerte, bis der Hund verstand, dass das Pferd kein großer Hund war und ganz anders tickte und auch, bis umgekehrt das Pferd begriff, dass der Hund kein kleines Pferd war und eine ganz andere Sprache sprach und in einer anderen Welt lebte.

Diese Beobachtung ist insofern interessant und an dieser Stelle relevant, weil wir Menschen uns auch oft schwer damit tun, andere zu verstehen und in ihrer Einzigartigkeit zu respektieren. Der Vater in mir erwartete auf jeden Fall, dass ich sowohl das Pferd als auch den Hund perfekt als Begleiter und Partner des Menschen ausbilde.

Das mit dem Pferd hatte ich nach einigen Monaten ganz gut im Griff. Der Hund hingegen war durch und durch ein Jäger, ein Freigeist, Unternehmer, selbstständig, eine Führungskraft bis in die letzte Zelle. Er hatte selbst nach Monaten trotz all meiner Bemühungen noch immer eine vollkommen eigene Vorstellung von Ausritten in Feld und Wald. Aber mein Anspruch bzw. der Anspruch meines Vaterintrojektes war ein Hund, der auf Wunsch oder Befehl perfekt bei Fuß (Pferdefuß) lief und nicht jeder frischen Wildfährte folgte. Ach, wie sehr übten wir und wie oft brachte er mich emotional an meine Grenzen. »Der Drecksack«, pflegte mein bester Reitfreund Dietmar zu sagen, wenn Rocky im Nachbarort eine Katze jagte und versuchte, sie durch die Katzenklappe ins Haus der Besitzer zu verfolgen, um ihr womöglich den Garaus zu machen. Mit seinen beiden gut ausgeprägten Talenten Jagd und Fortpflanzung brachte er mich in manch peinliche Situation und Erklärungsnot.

Eines Tages war es dann soweit: Der perfekte Ausritt mit Hund und Pferd stand bevor. Fast eine Stunde lief der Hund problemlos links neben dem Vorderbein meines Pferdes, vorbildlich Abstand von eineinhalb bis zwei Metern einhaltend. Wie stolz war ich auf mein Ergebnis, hatte der Hund es endlich kapiert, hatte ich es doch richtig gut hinbekommen! Dort, wo ich dann aus dem Waldstück auf die großen Wiesen kam, wo sich eine letzte schöne Galoppade anbot, hatte damals der Jagdpächter einen großen Wildacker angelegt, eine dicht bewachsene Fläche mit allerlei Grünfutter für die Rehe und Hasen und genau dort ging eine frische Fährte hinein.

Dieser Mistkerl! Er drehte sich noch einmal zu mir um … und weg war er. O weh, aus Glück und Freude

SCHÖPFERKRAFT

wurden Enttäuschung, Verzweiflung, Wut. Wie eine unsichtbare Kraft fühlte ich die Wut, ja regelrechten Hass mich durchfluten. In diesem Moment hätte ich ihn erwürgen können. Wieder einmal hatte ich es nicht gut gemacht, konnte ich vor mir selbst, vor meinem inneren Vater nicht bestehen. Kaum zu glauben, wie in uns Menschen innerhalb von Sekunden das gerade noch empfundene Glück durch pure Aggression weggefegt und abgelöst werden kann.

Plötzlich sah ich, wie der Hund sich im Dickicht ungefähr diagonal durch die dicht bewachsene Fläche von Nordosten nach Südwesten bewegte. Er würde wohl an der höchstgelegenen Ecke den Wildacker verlassen. Wenn ich mich beeilte ... Und schon beschleunigte ich in meiner Wut mein Pferd rücksichtslos sofort in Renngalopp, 50 Meter, dann rechter Winkel, weitere 100 Meter und ... Gleichzeitig mit dem Hund erreichte ich die Stelle, wo er auf der Fährte den Wildacker verließ. Meine ganze Wut schien wie 10.000 Volt aus der Spitze meiner Gerte zu kommen, mit der ich dem Hund mit ausgestrecktem Arm drohte und ihn anbrüllte.

Als ob nichts gewesen wäre, stand er sofort neben meinem Pferd, in perfekter Position bei Fuß. Schon wollte ich aus dem Sattel springen, um ihn zu strafen, als ich im Inneren die Stimme meiner Frau hörte: »Jetzt nicht strafen. Loben, du musst ihn loben.« Nun ja, ich versuchte zumindest, ihn zu loben. Dann wendete ich mein Pferd in Richtung nach Hause, gab ihm die Zügel frei und die Galopphilfe. In diesem Moment begann es zu buckeln, wie ich es nicht für möglich gehalten hätte. Ich stieß mich unangenehm am Sattel, riss mir einen Fingernagel am Horn meines Westernsattels ab und blieb soeben noch auf dem Pferd sitzen, als das Buckeln weniger wurde. Schmerzverzerrt wollte ich dem Pferd gerade so richtig am Zügel reißen, als es geschah. Zwischen dem Reiz und der fast unausweichlichen Reaktion öffnete sich ein kleiner Spalt, eine Millisekunde – die Selbsterkenntnis. Das hochsensible Pferd konnte nicht anders. Es hatte für zwei Minuten den Teufel auf dem Rücken gehabt – mich –, voller Wut, Hass und Aggression. In dem Moment, als ich ihm die Zügel lang ließ, hatte sich entladen, wofür ich mit all meiner Aggression die Ursache gewesen war. Ich konnte mich erkennen und konnte wählen. Statt zu strafen, konnte ich beruhigen, streicheln, loben. Zwischen Reiz und Reaktion liegt die Freiheit der Wahl, aber nur, wenn man sich in der Situation erkennt und sich seines Eigenanteils bewusst wird.

Menschen müssen eine gewisse Reife erlangen, um diesen Punkt im Leben zu erreichen, und dann beginnt Veränderung. Pferd und Hund aus dieser Geschichte können ebenso gut Kinder, Eltern, Lehrer, Kollegen, Mitarbeiter in anderen Situationen sein, in der sie uns mit uns selbst und einem ungelösten inneren Konflikt in Berührung bringen. Sich selbst zu erkennen, ist kein leichter Schritt, aber einer, der sich lohnt, um dauerhaft Glück, Erfolg, Leichtigkeit und inneren Frieden zu erfahren. Häufig fällt es uns deutlich leichter, bei

SCHÖPFERKRAFT

anderen Ursache und Wirkung zu erkennen, bei uns selbst gelingt es uns oft schwerer. Wie sagte schon der weise Laotse:

> *Andere erkennen ist weise,*
> *sich selbst erkennen ist Erleuchtung.*

Wer einmal wahrhaftig beginnt, sein Selbst zu erkennen und sich seiner selbst bewusst zu werden, der beginnt die spannendste Reise seines Lebens, nämlich die Reise zu sich selbst. Das Interesse daran, das eigene Wesen zu erkennen, alle Fälschungen zu identifizieren und abzulegen, wird immer größer. Es entwickelt sich zum großen Ja-Sagen zu uns selbst und führt zum Kern unserer Seele. Diese Reise beschert uns eine immer wiederkehrende Stille, in uns hineinzuhorchen oder in den Himmel zu hören. Wichtig ist, dass wir damit beginnen, dass wir uns erlauben, uns der inneren Stille und unserem Kern zu widmen.

Möglicherweise kommen wir unter Anleitung, sei es in Seminaren, Workshops oder Coachings, schneller voran. Wichtig ist einzig, dass wir es tun. Denn wir werden den Rest unseres Lebens auf jeden Fall mit uns selbst verbringen und da sollte uns das Original lieber sein als irgendeine Fälschung.

Mit drei Kernaussagen von Christina von Dreien aus ihrem Flyer *We are Peace* möchte ich das Vorbeschriebene abschließen:

Die sieben Trainings

Sag Ja zu deinem Leben. Es ist eine Ehre als Mensch geboren zu sein.

Suche die Wahrheit nicht im Außen, sondern in deinem eigenen Inneren.

Erkenne, dass jede friedvolle Handlung, egal wie klein, in ein globales energetisches Feld eingewebt wird. So trägst du direkt zum Weltfrieden bei.

4. Training:
Vergebung

Wenn man älter wird, und aus Sicht meiner Enkel bin ich mit 61 Jahren sicher schon ein alter Mann, dann sind einem im Laufe des Lebens bereits viele Menschen begegnet. Wenn man wie ich zudem viel um Rat gefragt worden ist und viele Jahre auch beruflich Menschen begleitet hat, dann ist man darüber hinaus zu einem genauen Beobachter der Menschen geworden.

Ich glaube, ich habe ein feines Gespür dafür entwickelt, wenn sich Menschen in der Selbsterkenntnis schwertun und wo sie unnötig wertvolle Lebensenergie verlieren, ohne dass es ihnen bewusst ist. Manch einer wird mit seinem Thema alt und einsam, zutiefst unsympathisch für seine Mitmenschen und entwickelt einen gewissen Groll. Über diesen möchte ich im Folgenden sprechen:

Groll verbinde ich mit alten Geschichten, in denen der Erzähler selbst immer das Opfer ist. Meist sind dies auch Themen, die nicht aufhören wehzutun. Diese Geschichten kennt das Umfeld häufig schon gut und mag sie nicht mehr hören. Am liebsten gehen wir diesen Menschen, die ständig negativ drauf sind, aus dem Weg. Wir meiden ihren Kontakt und sie merken oft-

SCHÖPFERKRAFT

mals nicht einmal, wie sie sich selbst in eine Einsamkeit manövrieren. Im Groll spricht man jemand anderen für schuldig, gibt ihm die Schuld am eigenen Elend und somit auch Macht über das eigene Dasein. Menschen, die sich so verhalten, werden oft als nachtragend bezeichnet. Und noch etwas anderes ist mir aufgefallen: Wenn Menschen Groll in ihrem Inneren hegen und ihn nicht loswerden, dann ist es, als würden sie ein dickes Paket vor sich hertragen. Ein Paket, das – wie alles – eine bestimmte Schwingung hat, eine Frequenz, die Resonanz sucht und sie auch finden wird.

Wenn wir immer wieder über eine längst vergangene Geschichte reden und klagen, erhalten wir sie am Leben, am Schwingen und versorgen sie zudem mit unserer eigenen wertvollen Lebensenergie. Und egal in welchen neuen Lebensabschnitt wir gehen, geschäftlich oder privat, dieses Thema wird uns in eine ähnliche Situation führen, weil wir es vor uns hertragen und es Resonanz sucht. Wir werden einen neuen cholerischen Chef finden oder wieder den Hund, der uns beißt, um nur zwei Beispiele zu nennen. Wenn wir den Groll in uns nicht erkennen, werden wir uns wieder mit einem Thema in Berührung bringen, das wir eigentlich gar nicht wollen, weil es uns in eine Schwingung versetzt, die uns und unserem Umfeld nicht guttut.

Aus zahlreichen Coachings und Gesprächen weiß ich, dass vielen von uns nicht bewusst ist, dass sie anderen gegenüber Vorwürfe in sich tragen. Allein aus ihren

Erzählungen höre ich den Groll gegenüber Vater, Mutter, Bruder, Schwester, Ehepartner, Chef, Kollegen, Nachbarn oder auch gegenüber sich selbst. Dann geht es darum, sich dies bewusst zu machen, die alten Geschichten endlich hinter sich zu lassen und mit der Vergangenheit abzuschließen. Es gilt zu vergeben. In meinen Vorträgen zitiere ich gerne aus Ron Smothermons *Drehbuch für Meisterschaft im Leben*:

> *»Jemandem zu vergeben, ist der handfeste Beweis für Ihre Absicht, Ihr Leben jetzt zu leben, während Sie es haben, und später tot zu sein, wenn Sie es sind. Jemandem zu vergeben, heißt, dass Sie jedweden Anspruch auf Rache für immer aufgeben. Vergeben ist nicht kompliziert; es ist einfach. Sie identifizieren einfach Ihren Groll und fragen sich: ›Bin ich bereit, in dieser Angelegenheit weiterhin meine Energie zu verschwenden?‹ Wenn die Antwort ›Nein‹ ist, dann ist es hoffnungsvoll.«*

Im Anschluss an eine Veranstaltung werde ich häufig von Zuhörern angesprochen, die mir sagen, wie schwer es fällt zu vergeben. Sie erzählen dann oft, was ihnen Schlimmes angetan wurde. Ich weiß, dass es nicht immer leicht ist zu vergeben. Wenn uns hingegen bewusst wird, was es für unsere Lebensenergie bedeutet, die alten Dramen in unserem Geist lebendig zu halten,

SCHÖPFERKRAFT

fällt es sicherlich leichter, sie hinter sich zu lassen. Das bedeutet nicht, das negative Erlebnis gutzuheißen, sondern es hinter sich zu lassen und nicht mehr mit der eigenen, ständigen Aufmerksamkeit und Energie zu versorgen und dadurch am Leben zu halten. Denn letztendlich halten wir damit unseren Groll oder unsere innere Not aufrecht und die Freude in uns kann keinen Platz finden, weil wir aus der unendlichen Teilchenwolke der Möglichkeiten nur immer wieder die gleichen Geschichten kreieren.

In meinen Vorträgen zeige ich gern einen kurzen Film über unseren Hund Rocky. Immer wenn ich ohne ihn wegfuhr, war er stinksauer, voller Groll und Wut und danach tieftraurig, fast depressiv. Wenn ich dann nach Tagen heimkam, war seine Freude unermesslich. Der Film zeigt deutlich, dass dies nur möglich war, weil er seinen Groll und das Geschehene hinter sich ließ. Was der Hund von Natur aus macht, kann der Mensch bewusst durch Üben erreichen. Es ist ein wenig komplizierter, weil wir Menschen denken können und dadurch die Fähigkeit haben, mit unserem Geist in der Vergangenheit, der Gegenwart oder in der Zukunft zu verweilen. Wie wichtig Vergebung ist, verdeutlicht folgender Satz, dessen Verfasser leider ungenannt blieb:

Vergebung heißt: Die Tür öffnen, um jemanden freizulassen und zu erkennen, dass du selbst es warst, der im Kerker saß.

Wenn du dich nach mehr Lebensfreude sehnst, empfehle ich dir zu versuchen, deinen kleinen und großen Groll zu erkennen, Vergebung zu trainieren und zu praktizieren. Und wenn es gar zu schwer ist, scheint es angebracht, sich Hilfe zu holen. Verzeihe allen Menschen, die jetzt in deinem Leben sind oder einmal in deinem Leben waren und verzeihe dir selbst. Die meisten Menschen fühlen schon bald Erleichterung und Frieden, wenn sie bewusst vergeben.

5. Training:
Liebe

Viele Menschen leben in dem Glauben, nicht gemocht und nicht geliebt zu werden. Dieses Gefühl kann einen großen Raum einnehmen. Fehlende Liebe ist wohl mit der größte Mangel im Leben eines Menschen. Wenn reine Angst unser dunkelster Zustand ist, dann ist die reine Liebe unser hellster Zustand.

Auf der Suche nach einem kraftvoll, authentischen und erfolgreichen Leben voll innerem Frieden, voll Lebensfreude und Leichtigkeit sollten wir immer wieder prüfen, ob genug Liebe vorhanden ist. Der schnellste und effektivste Weg, Liebe in sein Leben zu holen, ist, sich selbst so anzunehmen, wie man ist. Und genau das scheint für viele Menschen die größte Hürde zu sein. Den meisten ist gar nicht bewusst, dass sie das Gefühl, nicht angenommen, nicht gemocht oder nicht geliebt zu werden, deshalb begleitet, weil es tief in ihnen verankert ist. Wir selbst sind es, die von Kindheit an dem Vergleich nicht standgehalten haben, nicht zu genügen. Dieses negative Gefühl hat sich im Lauf unseres Lebens zu einer tiefen inneren Überzeugung entwickelt. So sollten wir uns ein Beispiel an der Einstellung Goethes nehmen und eine Entscheidung treffen:

SCHÖPFERKRAFT

*Wenn Gott mich anders gewollt hätte,
dann hätte er mich anders gemacht.*

Es scheint, als habe auch Goethe in seinem Leben erkannt, dass der größte Druck, die meiste Ablehnung und das größte Urteil über uns in uns selbst zu finden ist. Und Charlie Chaplin schrieb an seinem 70. Geburtstag, am 16. April 1959 einen Text, der es verdient, in diesem Zusammenhang gelesen zu werden:

*Als ich mich selbst zu lieben begann,
habe ich verstanden, dass ich immer und bei
jeder Gelegenheit, zur richtigen Zeit am
richtigen Ort bin und dass alles, was
geschieht, richtig ist – von da an konnte ich
ruhig sein. Heute weiß ich:
Das nennt man **VERTRAUEN**.*

*Als ich mich selbst zu lieben begann,
konnte ich erkennen, dass emotionaler
Schmerz und Leid nur Warnungen für mich
sind, gegen meine eigene Wahrheit zu leben.
Heute weiß ich:
Das nennt man **AUTHENTISCH SEIN**.*

*Als ich mich selbst zu lieben begann,
habe ich aufgehört, mich nach einem anderen
Leben zu sehnen und konnte sehen, dass alles*

*um mich herum eine Aufforderung zum Wachsen war. Heute weiß ich,
das nennt man **REIFE**.*

*Als ich mich selbst zu lieben begann,
habe ich aufgehört, mich meiner freien Zeit zu berauben, und ich habe aufgehört, weiter grandiose Projekte für die Zukunft zu entwerfen. Heute mache ich nur das, was mir Spaß und Freude macht, was ich liebe und was mein Herz zum Lachen bringt, auf meine eigene Art und Weise und in meinem Tempo.
Heute weiß ich,
das nennt man **EHRLICHKEIT**.*

*Als ich mich selbst zu lieben begann,
habe ich mich von allem befreit, was nicht gesund für mich war, von Speisen, Menschen, Dingen, Situationen und von Allem, das mich immer wieder hinunterzog, weg von mir selbst. Anfangs nannte ich das »Gesunden Egoismus«, aber heute weiß ich,
das ist **SELBSTLIEBE**.*

*Als ich mich selbst zu lieben begann,
habe ich aufgehört, immer recht haben zu wollen, so habe ich mich weniger geirrt.
Heute habe ich erkannt:
das nennt man **DEMUT**.*

SCHÖPFERKRAFT

*Als ich mich selbst zu lieben begann,
habe ich mich geweigert, weiter in der
Vergangenheit zu leben und mich um meine
Zukunft zu sorgen. Jetzt lebe ich nur noch in
diesem Augenblick, wo ALLES stattfindet,
so lebe ich heute jeden Tag und nenne es*
BEWUSSTHEIT.

*Als ich mich zu lieben begann,
da erkannte ich, dass mich mein Denken
armselig und krank machen kann. Als ich
jedoch meine Herzenskräfte anforderte,
bekam der Verstand einen wichtigen Partner.
Diese Verbindung nenne ich heute*
HERZENSWEISHEIT.

*Wir brauchen uns nicht weiter vor Auseinandersetzungen, Konflikten und Problemen mit
uns selbst und anderen fürchten, denn sogar
Sterne knallen manchmal aufeinander und
es entstehen neue Welten.
Heute weiß ich:* ***DAS IST DAS LEBEN!***

Als ich in einer der größten Krisen meines Lebens glaubte, am Nullpunkt zu sein, nahm ich ein weißes Blatt Papier und schrieb meinen Idealzustand auf. Einen Zustand, den ich mir aussuchen würde, wenn es denn möglich wäre. Damals wusste ich nicht, dass es der Anfang für das Drehbuch meines neuen Lebens war.

Ich schrieb zu diesem Thema auf mein Papier: *Ich bin gut, so wie ich bin. Ich bin liebenswert, so wie ich bin. Ich liebe und werde geliebt. Ich vergebe und mir ist vergeben.* Diese Zeilen über Monate verinnerlicht, wurden mehr und mehr zu meiner Wirklichkeit und bewirkten eine sehr große Veränderung in meinem Leben. Heute weiß ich, unser Drehbuch liegt in uns, draußen ist nur die Leinwand, auf der unsere innere Überzeugung abgebildet wird. Kein Wunder also, dass ich mich heute sehr angenommen, sehr wertgeschätzt und sehr geliebt fühle. Das ist ein wundervoller Zustand und zutiefst heilsam und erfüllend.

Menschen, die sich selbst nicht mit all ihren Schwächen und Stärken angenommen und sich im Kern ihres Wesens nicht lieb haben, werden Liebe von außen gar nicht wahrnehmen und andere auch nicht bedingungslos lieben können. Ich glaube, das ist eines der großen Dramen unserer Gesellschaft. Die folgenden vier Fragen können in diesem Zusammenhang sehr hilfreich sein:

- Liebe ich mich so, wie ich bin?
- Liebe ich den Menschen, mit dem ich lebe?
- Liebe ich den Ort, an dem ich wohne?
- Liebe ich die Arbeit, die ich mache?

SCHÖPFERKRAFT

Wenn ich bei einer Frage überwiegend mit »Nein« antworte, muss ich aktiv werden. Denn wenn ich nichts ändere, wie sollte dann da draußen auf der Leinwand meines Lebens ein glückliches, erfolgreiches, kraftvolles und authentisches Leben voll innerem Frieden auftauchen? Bereits der chinesische Philosoph Laotse beschreibt im 6. Jahrhundert v. Chr., was aus unseren Tugenden wird, wenn die Liebe fehlt.

*Pflichtbewusstsein ohne Liebe macht **verdrießlich**.*
*Verantwortung ohne Liebe macht **rücksichtslos**.*
*Gerechtigkeit ohne Liebe macht **hart**.*
*Wahrhaftigkeit ohne Liebe macht **kritiksüchtig**.*
*Klugheit ohne Liebe macht **betrügerisch**.*
*Freundlichkeit ohne Liebe macht **heuchlerisch**.*
*Ordnung ohne Liebe macht **kleinlich**.*
*Sachkenntnis ohne Liebe macht **rechthaberisch**.*
*Macht ohne Liebe macht **grausam**.*
*Ehre ohne Liebe macht **hochmütig**.*
*Besitz ohne Liebe macht **geizig**.*
*Glaube ohne Liebe macht **fanatisch**.*

Gerne erzähle ich in meinen Vorträgen, dass ich meinen Höhepunkt als Unternehmer wohl nicht hatte, als ich den größten Gewinn erzielte, sondern als ich eines Abends nach Hause kam und – erstaunt über mich selbst – zu meiner Frau sagte: »Irgendwie habe ich sie langsam alle lieb, auch die merkwürdigen unter den

Mitarbeitern und Kunden.« Eigentlich wissen wir es alle und wir fühlen es so gerne. Wenn meine Enkelkinder mich einmal fragen, ob wir etwas für unseren Erfolg tun können, dann werde ich ihnen auf jeden Fall sagen: »Trainiert euch in der Liebe. Konditioniert euch darin, bei allem was ihr tut, darauf zu achten, ob die Liebe mit im Spiel ist.«

Und wenn es einmal schnell gehen soll, hilft diese wunderbare Übung unmittelbar: Denke zwei Minuten darüber nach und zähle auf, wen und was du lieb hast.

6. Training:
Vertrauen

Pferde, die seit über 50 Jahren meine ständigen Begleiter und Lehrer sind, suchen immer nach Sicherheit. Für Pferde geht es in erster Linie immer noch ums Überleben. Dennoch scheinen sie auch ein unglaubliches Urvertrauen zu haben. Das verschafft ihnen die Möglichkeit, aus jedem Augenblick das Beste zu machen. Sie gestalten ihre Gegenwart bestmöglich und verfallen scheinbar nicht ins Grübeln über Vergangenes oder machen sich Sorgen um Zukünftiges. Sie entscheiden im Augenblick: Bleibe ich da oder laufe ich weg und wenn ich dableibe, wie mache ich das Beste daraus?

Pferde suchen Komfort und lieben es, es angenehm zu haben. Über die Pferde ist mir bewusst geworden, dass Vertrauen die Basis für Leichtigkeit ist. Wenn ich das Vertrauen eines Pferdes gewonnen habe, dann wird es im Miteinander leicht.

Damit sie mir vertrauen, musste ich zuerst selbst lernen zu vertrauen. Mir zu vertrauen fällt den Pferden leichter, wenn sie mir Respekt zollen. Respekt wiederum setzt voraus, dass ich sie erst einmal in ihrer Art und Einzigartigkeit respektiere. Seit Jahrzehnten fragen mich die Pferde: »Verdienst du Respekt? Verdienst du

SCHÖPFERKRAFT

Vertrauen?« Offensichtlich musste ich zunächst beides geben, bevor ich es selbst bekommen konnte. Ich empfinde es als Segen, dass ich es über meine Arbeit mit den Pferden verinnerlichen durfte: Vertrauen und Respekt sind die Basis für Leichtigkeit im Miteinander.

Diese Erkenntnis nahm ich mit in die Firma, mit zu meinen Kunden und in andere menschliche Beziehungen und siehe da, es wurde immer leichter. Erst im dritten Schritt erkannte ich meinen Wunsch, diese Leichtigkeit, die im Umgang mit den Pferden und dann mit den Menschen so zugenommen hatte, in meinem gesamten Leben zu haben. Wenn ich die Pferde respektiere, wie sie sind, kommt Respekt zurück und es entsteht Vertrauen. Und wie sieht es im Leben aus?

So wie ich mich aus Respekt vor der Einzigartigkeit der Pferde intensiv mit ihnen befasst und mich an das Prinzip von Ursache und Wirkung erinnert habe, genauso muss ich es mit den Menschen machen, damit Vertrauen und Leichtigkeit entstehen können. Es gilt also, sich mit dem Leben, dem Kosmos und seinen Gesetzen zu befassen und zu erkennen, was Ursache, was Wirkung ist, und auf diese Weise das Vertrauen zu gewinnen in das, was ist. Ich empfehle jedem, der mit mir arbeitet, ruhig ein gewisses Maß an Vertrauensvorschuss zu geben – den Pferden, den Menschen, den Projekten und dem großen Zusammenhang, den wir das Leben nennen.

Weiterhin rate ich dazu, sich selbst und sein Leben etwas bewusster zu beobachten – seine Gedanken, seine Gefühle, sein Handeln und vor allem das, was einem täglich begegnet. Dazu ist es vielleicht hilfreich, ein Tagebuch zu schreiben. Es ist sehr sinnvoll, einmal zu reflektieren, womit man sich im Inneren befasst und was man im Äußeren greifen kann. In der Regel liegt dazwischen ein Zeitabschnitt, egal ob kurz oder lang, wie auch zwischen Säen und Ernten immer etwas Zeit vergeht, abhängig von den äußeren Bedingungen.

Weiter vorne habe ich bereits versucht zu beschreiben, wie unsere Wirklichkeit entsteht. Wenn man im Vertrauen wachsen möchte, um meiner Theorie zufolge mehr Leichtigkeit im Leben zu erreichen, dann sollte man diesen Zeilen einen Vertrauensvorschuss schenken, ausprobieren, beobachten und anschließend seine eigenen Schlüsse ziehen. Mein Wunsch ist, dass die Kinder dieser Welt die Zusammenhänge früher verstehen, als es mir möglich war, denn ich glaube, die Welt würde dann schneller heilen. Erwähnen möchte ich an dieser Stelle allerdings auch, dass mein Vertrauensvorschuss – sowohl bei den Pferden als auch bei Menschen, Projekten und dem Leben insgesamt – ab und an auch zu Enttäuschungen geführt hat. Dennoch hat es sich gelohnt zu vertrauen. Ja, die Belohnungen sind deutlich häufiger als die Enttäuschungen.

Ich bin in meinem Vertrauen immer mehr gewachsen und meine Leichtigkeit hat zugenommen. Dort, wo Enttäuschung stattfindet, fehlt oft das Verstehen, das

SCHÖPFERKRAFT

Erkennen und das Bewusstsein für den großen Zusammenhang. Vielleicht sollten wir die Enttäuschung einfach als das Ende der Täuschung annehmen. Möglicherweise müssen wir die Ent-Täuschung akzeptieren, um zu erkennen, dass wir Opfer unserer eigenen Erwartungen an andere sind, die sich manchmal schwer erfüllen lassen. Der wache und bewusste Mensch wird in dieser Trainingsphase seines Lebens auch erkennen, dass er in den Augen seiner Mitmenschen immer mal wieder auch selbst der Spiegel für Enttäuschung ist.

Meine Lieblingsgeschichte, die ein bereits fortgeschrittenes Vertrauen in das Leben beschreibt, hat meine Mutter oft erzählt und auch ich gebe sie immer wieder gerne weiter. Und es ist mein Wunsch, dass diese Geschichte auch in anderen weiterklingt: Meine Mutter wohnte als Kind in den Kriegsjahren oft bei ihrer alleinstehenden Oma in Bruch, einem kleinen Ort im Oberbergischen. Sie war ihre Lieblingsoma und meine Mutter wohl auch das Lieblingsenkelkind ihrer Großmutter, die sie als furchtbar arm, gläubig, liebenswert und sehr zufrieden beschrieb. In den letzten Kriegsjahren verbrachte meine Mutter wieder ein Wochenende in Bruch, als es nachmittags an der Türe klopfte. Als die Großmutter öffnete, stand dort ein völlig ausgehungerter Soldat, zerlumpt und am Ende seiner Kräfte. Er war auf dem Weg nach Hause und bat meine Urgroßmutter um ein Butterbrot.

Meine Mutter sah zu, wie die alte Frau das letzte Stück Brot und die letzte Butter zu Butterbroten verarbeitete und dem hungrigen Soldaten gab. Nachdem dieser weitergezogen war, fragte meine Mutter: »Aber Oma, was sollen wir denn jetzt heute Abend essen? Das war doch unser letztes Essen.« Darauf antwortet die Oma: »Aber es ist doch noch nicht Abend, Kind.«

Meine Mutter erzählte weiter, wie es etwas später erneut an der Türe klopfte und die Nachbarin, die wohl um die Armut der alten Frau wusste, mit einem frisch gebackenen Brot, etwas Butter und einem Liter frischer Milch in der Tür stand. Die Großmutter bedankte sich sehr erfreut und schaute die Enkelin mit den Worten an: »Siehst du, Elsbeth.«

Ich wünsche uns allen ein derartiges Vertrauen, verbunden mit dieser Gewissheit: Der Kreislauf fängt mit Geben an. Sobald wir den Zustand des Vertrauens verlassen und unsere Gedanken aus Angst und Sorge gespeist werden, wird es eng im Leben und wir sind dabei, unsere Schöpferkraft für etwas, das wir gar nicht wollen, einzusetzen.

7. Training:
Dankbarkeit

Es ist immer wieder erstaunlich, wie sehr wir Menschen dazu neigen, Mangel zu empfinden, und wie häufig wir uns diesem Gefühl hingeben. Selbst der überwiegende Teil der Menschen in der sogenannten westlichen Welt, im wohlhabenden Europa, verspürt oft und viel Mangel. Möglicherweise liegt die Ursache darin, dass es etwas Uraltes ist. Denn über Millionen von Jahren war es ein Kampf zu überleben und ausreichend Nahrung zu haben, sodass der Mensch vor dem Hintergrund dieser extremen Mangelsituation die Fähigkeit entwickelt hat, sich ständig über das Morgen zu sorgen.

Wie auch immer – im Laufe der Jahrzehnte habe ich gelernt, mein Leben und das Leben um mich herum zu beobachten. So durfte ich erkennen, dass es vieles gibt, das auf Mangel hindeutet, aber bestimmt ebenso viel, das auf Überfluss hinweist.

Wenn es stimmt, worüber ich in den vorangegangenen Kapiteln geschrieben habe, dann nimmt das zu, mit dem wir uns befassen. Wir bewegen uns in Richtung Mangel und der Mangel bewegt sich in unsere Richtung, wenn wir ihn tüchtig bedenken und ihm regelmä-

SCHÖPFERKRAFT

ßig unsere Aufmerksamkeit schenken. Wie steht das nun im Zusammenhang damit, dass wir Dankbarkeit entwickeln sollen?

Wenn wir uns darin üben und immer wieder praktizieren, der Dankbarkeit Raum und Zeit zu geben, dann verändern wir unseren Fokus. Wir richten uns geradezu neu aus. Auch beeinflussen wir unsere Gefühle, wie bereits vorne beschrieben, wenn wir in unseren Gedanken dankbar sind, uns viel damit beschäftigen, was wir Gutes haben und erleben. Sich innerlich wie äußerlich zu bedanken, ist wie das Aussäen von Dankbarkeit. Damit nimmt die Wahrscheinlichkeit zu, dass wir mehr Gründe für Dankbarkeit ernten dürfen. Und in Verbindung mit dem im vorhergehenden Kapitel beschriebenen Vertrauen werden die Wunder in unserem Leben zunehmen.

Das Warum kann ich nicht beweisen, ich habe es einzig in meinem Leben so erfahren. Und es ist mir im fortgeschrittenen Alter ein Herzensanliegen, diese Erkenntnis an andere weiterzugeben, wenn sie Glück, inneren Frieden, Lebensfreude, Leichtigkeit und vieles mehr in ihrem Leben erfahren möchten.

Regelmäßig bedanke ich mich bei den Menschen, den Tieren, bei der ganzen Schöpfung und ich fühle mich reich beschenkt und im Überfluss zu Hause. Das bedeutet aber nicht, dass ich nicht auch hin und wieder Mangel erfahre. Ja, auch der Mangel gehört zum Leben und führt zu Wachstum und Veränderung, wenn er erkannt, angenommen und bearbeitet wird. Ich durfte in meinem Leben im Nachhinein oft feststellen, dass aus dem großen Mist, der mir im Leben begegnete, der Kompost wurde, aus dem kraftvoll das Neue wuchs. So habe ich mich im Nachhinein auch für manches Drama bedankt.

Vor vielen Jahren durfte ich auf einem großen Kongress in Bad Kissingen einen Vortrag halten. Es war einer meiner ersten Vorträge vor circa 250 Zuhörern. Ich war enorm aufgeregt, aber mit Ersatz-PC und zusätzlicher DVD, welche die Präsentation enthielt, exzellent vorbereitet. Der Vortrag und die Präsentation dazu mit Filmen, Musik und Cartoons waren nahezu perfekt. Wie alle anderen Redner hatte auch ich unterschrieben, dass alles aufgezeichnet und als Audiomitschnitt vermarktet werden durfte.

Ich ging auf die Bühne und wollte zu Beginn die erste Folie mit Musik starten, aber nichts geschah. Die Technik funktionierte nicht. Welch ein Desaster, welch extremer Fehlstart! In meiner Verzweiflung und gleichzeitigen Hauptverantwortung musste ich dem jungen Techniker etwas Zeit verschaffen, um den Fehler zu beheben, egal woran es lag. Und so kommentierte ich es auch und sagte, dass ich zunächst einmal eine Geschichte erzählen wolle. Ich selbst fühlte mich kurz vor einem Infarkt, nach außen aber wirkte ich offensichtlich souverän und professionell. Auch die CD gab es so wieder, sie hat sich jedenfalls verkauft und ist nun in der Welt unterwegs.

SCHÖPFERKRAFT

Ein begeisterter Hörer war ein Ingenieurkollege aus Berlin, Dr. Jürgen Hanisch, den ich heute meinen Freund nennen darf. Er war von der Audio-CD begeistert, hat davon erzählt, sie empfohlen und verschenkt. Und gerade meinen Umgang mit diesem missglückten Einstieg in den Vortrag erwähnt er immer wieder. Bemerkenswert ist vor allem, welche Kreise diese Empfehlungen durch Jürgen gezogen haben und welche Aufträge als Vortragsredner, Seminarleiter und Coach daraus entstanden sind. Da kann ich doch nur laut Danke sagen, dass mir vor vielen Jahren dieses Drama passiert ist.

In meinen Vorträgen erzähle ich gerne von Ben, unserem zweitgeborenen Enkelsohn. Ben war noch keine drei Jahre alt, als er schon wunderschön Freude und Dankbarkeit zugleich ausdrücken konnte und es auch tüchtig tat. Immer wenn er etwas geschenkt bekam, hielt er sein Päckchen mit strahlenden Augen in den Händen, begann zu hüpfen und sagte: »Danke, danke schön, ich freu mich so, ich freu mich so, ich krieg so gerne Päckchen.« Das war so ansteckend, so herzerquickend und berührend. Und was geschah? Sein Umfeld reagierte darauf und jeder brachte ihm nur zu gerne etwas mit. Zu jeder sich bietenden Gelegenheit bekam er Päckchen von Verwandten, Nachbarn und Bekannten. Alle wollten sein Ritual aus Freude und Dankbarkeit möglichst oft erleben. Er wird bis heute reich beschenkt und auch er schenkt sehr gerne und gibt sich viel Mühe bei der Auswahl seiner Geschenke.

Im Laufe der Jahrzehnte habe ich gelernt, dass den Dankbaren viele Geschenke in den Schoß fallen und den Gebenden viel gegeben wird. So kann ich dir nur empfehlen, ständige Dankbarkeit zu üben und dir bewusst zu machen, dass der Kreislauf von Geben und Nehmen durch fröhliches Geben in Gang gesetzt wird. Ich bin mir sicher, dass ein regelmäßiges Der-Dankbarkeit-Raum-und-Zeit-Geben uns Menschen mit dem Überfluss des Kosmos in Berührung bringt und dem Mangel in unserem Leben die Macht über unser Sein entzieht. An dieser Stelle möchte ich mich bei allen bedanken, die bis hierher gelesen haben, die mir ihr Vertrauen schenken und meine Arbeit unterstützen. Ich bin ein reich beschenkter Mensch.

Vielleicht möchtest du an dieser Stelle kurz innehalten und Danke sagen für alle Geschehnisse, Geschenke und Begegnungen des Tages, die des Dankes wert sind.

Kapitel 3
Die sieben Begegnungen

In all den Jahren, in denen ich Menschen und Firmen begleite, die sich ein kraftvolles, authentisches Leben wünschen, die in einer Krise stecken oder denen es an Erfolg, Glück, Lebensfreude, innerem Frieden und Leichtigkeit fehlt, zeigen sich immer wieder die gleichen Themen: Eltern, Partnerschaft, Sexualität, Gesundheit, Beruf, Geld und der eigene Glaube. Da liegt es nahe, dass ich empfehle, diese Themen genauer zu betrachten, um den Zugang zu seinem Selbst, seinem ureigenen Wesen und dessen Verbindung nach außen wiederherzustellen. Denn für mich sind es diese sieben Begegnungen, die es mir ermöglicht haben, einem kraftvollen, authentischen Leben deutlich näherzukommen.

Meiner Erfahrung nach handelt es sich dabei um Begegnungen mit den Personen und Themen, die häufig sowohl mit unseren Kernblockaden als auch mit unserem großen Potenzial in Zusammenhang stehen. Wir werden den Rest unseres Lebens mit uns verbringen und uns täglich in den Menschen, Tieren, Situationen und Projekten immer wieder selbst begegnen. Macht es da nicht Sinn, dass wir uns unserer selbst bewusst werden?

SCHÖPFERKRAFT

Die nachfolgenden Begegnungen sollen dich dabei unterstützen, mehr Bewusstsein und deutlich mehr innere Freiheit zu erlangen. Wie bereits die sieben Trainings der vorangegangenen Kapitel sollen sie dazu führen, den göttlichen Funken in dir, diese ureigene Schöpferkraft, die uns allen innewohnt, zunehmend in dein Leben zu integrieren.

1. Begegnung
mit den Eltern

Den Ursprung, um in dieses irdische Leben zu kommen, bilden in erster Linie zwei Menschen, eine Frau und ein Mann. Ob es ein Leben vor dem unserem gab oder ob es eines danach geben wird, lasse ich bewusst außer Acht, denn die meisten von uns haben zunächst einmal alle Hände voll damit zu tun, ihr Leben im Jetzt zu gestalten. Diese beiden Menschen, Mann und Frau, nennen wir unsere Eltern, Vater und Mutter oder Mama und Papa, wie wir bei uns zu Hause sagten.

Meine Mutter Elsbeth war ein großer Segen für unsere Familie und auch für viele andere Menschen. Unserer Mama verdanken meine Geschwister und ich die soziale Kompetenz, das Auge, das Ohr und das Einfühlungsvermögen für die Menschen um uns herum. Unsere Mama nahm sich stets zurück und versorgte immer erst alle anderen, bevor sie an sich dachte. Zudem war sie künstlerisch und handwerklich sehr begabt und eine geniale Hausfrau und Mutter.

Bei kritischer Betrachtung hat sie mir allerdings auch Eigenschaften mitgegeben, die mein Bedürfnis nach einem kraftvollen, authentischen Leben nicht immer unterstützt haben. Dazu gehörten ihre immer

SCHÖPFERKRAFT

wiederkehrenden Sätze, wie zum Beispiel: »Was sollen denn die Leute sagen?« oder »Was sollen denn die Nachbarn denken?« Diese Sätze haben sich tief in mir eingebrannt und so begann ich schon als Kind, mein Tun und Lassen daran zu orientieren, was andere meiner Meinung nach für richtig oder notwendig erachteten.

Wenn das zu einem Muster oder zur Strategie wird, findet nur noch wenig persönlicher Selbstausdruck und Selbsterfahrung statt. Man beginnt, sein Tun und Lassen nach etwas auszurichten, von dem man glaubt, dass es andere, ›wichtige‹ Personen aus unserem Umfeld für richtig halten. Und man gerät ständig in Konflikt, wenn unterschiedliche Vorstellungen und Meinungen im Raum stehen, bis man sich schließlich gar nicht mehr traut, etwas zu sagen, geschweige denn zu handeln. Meiner Mutter war nicht bewusst, was ihre Sätze bei mir ausgelöst haben.

Sätze wie »Aus dir wird nie etwas«, die Eltern ihren Kindern mitgeben, kenne ich aus unzähligen Coaching-Gesprächen. So weiß ich nicht nur aus eigener Erfahrung, sondern auch aus vielen Coachings, dass es sinnvoll ist, seinen Eltern noch einmal bewusst zu begegnen, und zwar unabhängig davon, ob sie noch leben oder schon verstorben sind. Wenn ich hier von begegnen spreche, so meine ich damit, die Lehren, Glaubenssätze und Überzeugungen, die sie uns vermittelt haben anzuschauen und zu prüfen, was davon weitergelebt werden soll und was nicht (mehr) passt.

Die sieben Begegnungen

Eine große Sorge meiner Mutter war, dass wir auf dem Schulweg verunglücken und ins Krankenhaus kommen könnten. Was würden die Ärzte und Schwestern über uns denken, wenn man uns dort entkleidete und entdeckte, dass ein Loch in den Socken oder gar die Unterwäsche nicht sauber war? Wir hätten als ›asozial‹ abgestempelt werden können. Für sie als gelernte Näherin musste Kleidung grundsätzlich sauber und heil sein, und auch vor dem Haus, im Haus und im häuslichen Umfeld musste es ordentlich und rein sein. Was sollten denn sonst die Leute über uns denken?

Für mich und viele meiner Klienten war es wichtig zu erkennen, was die Stimmen von Mutter und Vater im Hinterkopf anrichten können und wie eingeschränkt das Leben werden kann, wenn diese Stimmen zu mächtig sind. Dies gilt es, sich bewusst zu machen und zu entscheiden: »Mama, es ist nicht so wichtig, was die Leute über mich denken. Großen Einfluss hat, was ich selbst über mich und die Welt denke. Die Leute denken, was sie wollen, das kann gut und das kann schlecht sein.« In dem Augenblick, in dem mir diese Zusammenhänge bewusst werden, kann ich bestimmen, welcher Stimme ich glaube und wem ich Einfluss gebe.

Mein Vater war stolz, nach zwei Töchtern mit mir den ersten Sohn bekommen zu haben, dem noch zwei weitere folgen sollten. Den größten Teil der Anforderungen, den Väter an ihre Söhne stellen, bekam gefühlt ich ab. Und gefühlsmäßig wurde ich den Erwartungen meines Vaters, ein guter Sohn zu sein, nie gerecht. Nur

SCHÖPFERKRAFT

allzu oft hörte ich, wie vorne schon beschrieben: »Ging das nicht schneller, besser, höher, weiter?« Der ständige Druck, unter dem ich stand, nicht gut genug zu sein, förderte möglicherweise meine Leistung, demontierte aber zunehmend auch mein Selbstwertgefühl, und zwar so lange, bis ich mich für klein und wertlos hielt und mir nichts mehr zutraute.

Ich habe eine stark ausgeprägte Lese-Rechtschreib-Schwäche. Mein Vater und der Deutschlehrer auf dem Gymnasium waren sich einig und wiederholten stets den gleichen Satz: »Du kannst ja noch nicht einmal richtig schreiben.« Mein Deutschlehrer pflegte noch zu ergänzen: »Wie willst du einmal eine Familie ernähren? Du kannst ja noch nicht mal richtig schreiben.« Diese ständige Geringschätzung tat meiner Leistung meiner Schullaufbahn insgesamt nicht gut. Mathe sehr gut, Physik sehr gut, Sport sehr gut ... das war nicht erwähnenswert.

Ich brauchte die Hilfe eines psychologisch und therapeutisch geschulten Freundes, um die Hürde zu überwinden und mein erstes Buch zu schreiben. Er unterstützte mich darin, meinem Vater und seinem ›Verstärker‹, dem Deutschlehrer, noch einmal zu begegnen und ihnen den Satz zurückzugeben. Ich habe zwar eine Schwäche in Rechtschreibung, war aber sehr wohl in der Lage, mit etwas Unterstützung einen Wirtschaftsbestseller zu schreiben. Als der Verlag mir das erste eingeschweißte Exemplar von *Pferdeflüstern für Manager* zuschickte, überlegte ich in der Tat, es meinem Peiniger und Deutschlehrer an den Grabstein zu legen. So groß war meine Verletzung durch seine Demütigungen auch noch nach über 30 Jahren.

Ich habe sehr viele gute Eigenschaften von meinen Eltern mitbekommen. Und das, was einem kraftvollen, authentischen Leben im Wege steht, habe ich identifiziert, aussortiert und ihnen zurückgegeben. Das möchte ich in meinem Leben nicht weiter mit mir herumtragen. Aber die wirklich guten Eigenschaften, Talente, Werte und Qualitäten von Mama und Papa nehme ich dankbar an und verleihe ihnen Ausdruck und Wertschätzung in meinem Leben. Ich bin meinen Eltern sehr dankbar, wenn ich etwas fertiggestellt habe und vor dem Ergebnis stehe. Denn beide Eltern waren sehr umsetzungsstark, packten Dinge an und führten sie durch.

Wenn ich das richtige Gespür für andere Menschen habe, mich selbst etwas zurücknehme, um anderen den Vortritt zu lassen, und sie fördere und unterstütze, empfinde ich große Freude und tiefe Genugtuung an ihrem Erfolg. Still sage ich dann Danke zu meiner Mutter. Von ihr habe ich diese Gabe mitbekommen und sie lebte es mir ständig vor. Ein Talent meines Vaters war die freie Rede, er sprach sehr gerne vor Menschen. Und wann immer ich heute einen Vortrag halte, sage ich still: »Jetzt kannst du bitte hinter mir stehen, Papa, und mir den Rücken stärken. Danke für dieses Talent.«

Diese Begegnung mit seinen Eltern kann jeder nur für sich in aller Stille und mit offenem Herzen durchführen. Das kann man niemand anderem überlassen. Es geht auch hier um den großen Bewusstwerdungsprozess. Es geht darum zu erkennen, welche Kräfte in uns wirken und auf welche Weise sie es tun. Es geht darum, uns selbst in unserem Sein zu erkennen. Manchmal ist es auch sinnvoll zu reflektieren, wo die Eltern sich selbst nicht gutgetan oder sich vielleicht sogar geschadet haben. Das hilft dabei, im eigenen Leben nicht den gleichen Fehler zu machen.

So war meinem Vater, der sehr viel Gutes für andere Menschen getan hatte, im Alter nicht bewusst, wie sehr er über andere Menschen richtete. In seinem Urteil über die vermeintlichen Fehler und Unzulänglichkeiten anderer Menschen wurde er zunehmend härter. In gewisser Weise führte das dazu, dass er einsam wurde, obwohl er doch eigentlich gerne im Kontakt mit den Menschen war.

Ich schreibe dies nicht, um über meine Eltern zu richten, nein, es geht um Bewusstwerdung. Und gerade in diesem Augenblick bin ich ihnen dankbar, dass ich auf diese Beispiele mit ihnen zurückgreifen kann. Meine Mutter, durch deren Leben und Dasein ich mich sehr gesegnet fühle, betrieb oft zu wenig Selbstfürsorge und wertschätzte sich nicht sehr. Meiner Meinung nach war das auch der Grund, dass sie einige Male fast am Ende ihrer Lebenskraft war. Zum Wohle der anderen funktionierte sie dann zwar immer noch, aber ihre Liebe ging etwas verloren und der Frust und die Enttäuschung taten ihr nicht gut.

Weil ich mir das bei meinen Eltern bewusst angeschaut habe, möchte ich über andere nicht richten und stattdessen etwas Selbstfürsorge betreiben. Ich stelle fest, dass dies meinem Leben sehr guttut. Unseren Töchtern habe ich immer wieder empfohlen, meiner Frau und mir in ähnlicher Weise zu begegnen. Auch wir haben als Eltern nicht alles richtig gemacht, denn oft war uns nicht bewusst, was wir in unseren Kindern bewirkten. Natürlich wünsche ich auch dir, dass es dir gutgeht und möchte dir an dieser Stelle Folgendes mitgeben: Begegne deinen Eltern und reflektiere die Kräfte, die in ihnen wirken oder gewirkt haben. Und dann wähle aus und trainiere, was ich weiter oben bei den Trainings empfohlen habe, zum Beispiel Selbsterkenntnis, Vergebung und Dankbarkeit.

Lege nun das Buch beiseite und tue es sofort. Als Trainer weiß ich ebenso wie alle Kolleginnen und Kollegen: Wenn wir es nicht direkt in den ersten 72 Stunden angehen, gewinnt die Trägheit und wir kommen vermutlich nicht ins Tun.

2. Begegnung
mit der Partnerin oder dem Partner

Da ich selbst verheiratet bin, und das seit über 38 Jahren, denke ich in erster Linie an die Begegnung mit der Ehepartnerin beziehungsweise dem Ehepartner. Das kann aber ebenso gut das Zusammentreffen mit einem Lebensgefährten oder auch mit einem Geschäftspartner sein. Wenn ich also von Partnerin oder Partner spreche, meine ich damit in erster Linie den Menschen, mit dem ich mein Leben teile, im erweiterten Sinn verstehe ich darunter aber auch die Personen, die einen wichtigen Platz im eigenen Leben einnehmen.

Unsere Partnerinnen oder Partner sind auf jeden Fall diejenigen, die uns irgendwann sehr wahrscheinlich mit dem in Berührung bringen, was in uns unerlöst und oft auch schmerzhaft ist. Das, was uns sehr wehtut oder auch sehr stresst, sind vorwiegend unsere Ängste und meist alte Verletzungen aus der Kindheit. Und die Menschen, die uns sehr nahestehen, sind oftmals diejenigen, die unsere sogenannten Knöpfe finden und diese bewusst oder unbewusst drücken. Häufig geschieht das in einem gegenseitigen Wechselspiel, also auch umgekehrt. Allerdings kann uns das auch bei jedem anderen Menschen passieren, nur können wir ihnen leichter aus

SCHÖPFERKRAFT

dem Weg gehen und tun es vielfach auch. Wenn man aber Haus, Hof, Bett, Familie, Firma und vieles mehr miteinander teilt, dann wird es spannend.

Auch die Pferde, ebenso wie andere Haustiere, sind der perfekte Spiegel für unsere inneren Dramen, denn auch sie bringen uns in Berührung mit uns selbst. Ich möchte nicht wissen, wie viele Pferde regelmäßig geschlagen und wie viele Hunde getreten werden, weil sie ihre Besitzerin oder ihren Besitzer mit seinem inneren Schmerz in Kontakt bringen. Ich glaube, bei Tieren ist die Möglichkeit fast noch größer, sich selbst zu erkennen, als dies bei anderen Menschen der Fall ist. Aber wer hat schon die Gelegenheit, täglich mit Tieren zu arbeiten?

Tatsache ist, dass bei uns eine sehr sensible Grenze erreicht ist, wenn uns jemand unsere Verletztheit oder Angst spiegelt. Das tut oft weh, macht noch mehr Angst und nicht selten geraten wir in Hilflosigkeit. Vielleicht möchten auch wir unserem Gegenüber wehtun, es loswerden oder strafen. Bei mir selbst habe ich es beispielsweise in der Situation erlebt, als meine Schuldgefühle unerträglich wurden und ich der festen Überzeugung war, meine Frau sei die Ursache dafür. Da schien unsere Ehe gescheitert. Letztendlich war es aber der Startschuss für meine Heldenreise, der Auszug, um in die Höhle zu gehen und dem Drachen zu begegnen – meinem Drachen namens Schuldgefühle.

Ich bin davon überzeugt, dass erst dann wirkliche Entwicklung und im besten Fall sogar Erlösung stattfindet, wenn wir uns unseren inneren Dramen stellen. Dann werden wir stärker, freier und zunehmend weniger verletzbar. Aus Angst kann auf diese Weise im Idealfall Faszination oder sogar Liebe entstehen. So habe ich den alten Mythos der Heldenreise verstanden. Und so bin ich dem nähergekommen, den ich Gott nenne, und habe viel von dem hinter mir gelassen, was mich vom Füllhorn des Lebens getrennt hat.

Um es auf den Punkt zu bringen: Solange es jemanden gibt, der auf eine Weise unsere Knöpfe drücken kann, dass es uns Angst macht oder uns total verletzt, so lange gibt es noch einen Grund, nach innen zu schauen, um vom Feindbild zum Selbstbild zu gelangen. Das bedeutet, sich auf den Weg zu machen, um sich selbst zu erkennen und Erlösung zu finden. Ich wiederhole mich an dieser Stelle gerne: Und wenn wir diese Reise nach innen nicht alleine schaffen, lohnt es sich, professionelle Hilfe zur Unterstützung zu suchen.

Auch das ist etwas, was du wiederum nur selbst machen kannst, indem du deiner Partnerin oder deinem Partner in einer stillen Stunde bewusst begegnest und dich fragst, ob sie oder er es schafft, bei dir noch einen Knopf zu drücken. Solange es jemandem von außen noch gelingt, dich aus dem Gleichgewicht zu bringen, gibt es noch etwas zu erlösen. Denn wenn wir uns innen nicht genug lieben, werden wir außen auf unseren Spiegel stoßen – und es ist oftmals die Person, die uns am nächsten steht, die uns diesen Spiegel vorhält.

SCHÖPFERKRAFT

Auch bei der Begegnung mit der Partnerin oder dem Partner können wir die weiter vorne beschriebenen Trainings anwenden, vor allem das Training der Liebe und der Eigenliebe. Natürlich können wir auch intensiv die Themen Selbsterkenntnis und Vergebung am Beispiel unserer Partnerin oder unseres Partners trainieren. Und wieder gilt: Wir sollten es JETZT tun, auch wenn es vielleicht etwas schmerzt, nach all den gemachten Vorwürfen feststellen zu müssen, dass es keinen Feind außerhalb von uns gibt. Selbst das Nicht-Umsetzen dieser Trainings und Begegnungen hat vermutlich wenig mit den äußeren Umständen zu tun. Es ist letztendlich unser innerer Schweinehund, der uns bei näherer Betrachtung vorne im Weg steht und/oder hinten festhält.

Unser innerer Schweinehund steht uns vorne im Weg ...

Die sieben Begegnungen

... und hinten hält er uns fest.

3. Begegnung
mit der eigenen Sexualität

Wikipedia bezeichnet Sexualität sinngemäß als ›Geschlechtlichkeit‹ und meint damit die beiden verschiedenen Fortpflanzungstypen von Lebewesen der gleichen Art, Mann und Frau.

Bei all den Führungskräften, die in meinen Seminaren waren, haben bisher zwischen 150 und 200 Menschen den intensiven und sehr vertrauensvollen Austausch mit mir gesucht. Dies geschah sehr oft über einen längeren Zeitraum und obwohl ich von Anfang an immer betonte, weder ausgebildeter Coach noch Therapeut zu sein. Wenn sich unser Vertrauen und die damit verbundene Offenheit gefestigt haben, wird dabei häufig, sowohl von Frauen als auch von Männern, das Thema Sexualität angesprochen.

Im Leben von geschlechtsreifen Menschen gibt es eine unglaubliche Kraft, die geradezu mystisch in uns, unter uns und zwischen uns wirkt. Diese Kraft finden wir überall und in allen Bereichen unseres menschlichen Daseins. Sie begegnet uns nicht nur in erster Linie im familiären oder partnerschaftlichen Kontext, nein, wir finden sie auch in Firmen, Vereinen, Kirchen – eben überall dort, wo Menschen unterwegs sind. Also

SCHÖPFERKRAFT

auch dort, wo geliebt wird, ebenso wie da, wo Macht und Gewalt ausgeübt werden – Sexualität befindet sich überall. Wir finden sie im beruflichen Alltag wie in der Freizeit, im Sport, im Beichtstuhl, im Krankenhaus, im Fitnesscenter – einfach überall. Sie begleitet uns Menschen bis in die spirituellsten Bereiche unseres Lebens und bis in die dunkelsten Ecken von Gewalt und Missbrauch.

Nachdem ich nun seit über 15 Jahren intensiv Menschen begleite, habe ich den Eindruck, dass es nichts gibt, was es nicht gibt an Liebevollem, nahezu Göttlichem, sowie an Entsetzlichem, fast Teuflischem, das durch die Kraft der Sexualität motiviert und angetrieben wird. Sie befindet sich nicht nur im Körper, nein, sie steckt in unseren Gedanken und speist unsere Fantasie, unsere inneren Bilder und unsere Gefühlswelt. Sie nimmt Einfluss bei Einstellungen und Kündigungen im beruflichen Kontext, sie beeinflusst unser Kaufverhalten und unseren Informationsfluss, das Nachbarschaftsverhalten, Freundschaften, Fahrverhalten – eigentlich alles, was zu unserem Leben dazugehört.

Sexualität wirkt in den uns bewussten ebenso wie in unseren unbewussten Verhaltensweisen, sie wirkt am Tag und in der Nacht, wenn wir träumen. Sie ist eine wundervolle Kraft, lebensbejahend, dynamisch, extrem kreativ, schöpferisch und gestaltend. Diese Energie will leben und wehe, sie wird unterdrückt und findet nicht ihren richtigen Fluss und Platz im Leben von uns Menschen. Gerade dann scheint sie sich Kanäle zu suchen, die einige der dunkelsten Seiten in uns verstärken. Dann entstehen Missbrauch, Gewalt und Zerstörung auf widerlichste Art und Weise.

Ich glaube, unser Miteinander auf der Welt schreit danach, dass wir diese Kraft bejahen, dass wir sie uns bewusst machen und zum Wohle aller in unser Sein integrieren. Andernfalls bleiben die Schwächeren wie Kinder und Frauen weiterhin weltweit die Opfer und Verlierer.

Unsere sexuellen Bedürfnisse gehören zu uns, zusammen sind sie ein unermessliches Energiefeld auf der Erdoberfläche. Bislang habe ich nur wenige Menschen getroffen, die mir glaubhaft erzählten, diese Kraft nicht körperlich zu leben, aber erfolgreich umwandeln zu können, beispielsweise in spirituelle Entwicklung oder Schaffenskraft. Hingegen sind mir weitaus mehr Menschen begegnet, deren Alltag von einer anhaltenden Bedürftigkeit begleitet wird, weil sie diese Energie nicht umsetzen können und keinen ihnen angemessenen Weg gefunden haben, sie im Fluss zu halten.

Wir alle müssen uns diesem Thema stellen, jeder Einzelne, jede Gesellschaft, Religion, Kirche, jede Konfession. Tun wir es nicht, werden wir keinen Frieden finden. Es ist erstaunlich, was sich bereits im Leben eines Menschen verändert, wenn er einmal die Möglichkeit hat, mit jemandem ein offenes Gespräch über seine persönliche sexuelle Situation zu führen: über seine Bedürfnisse, darüber, was ihm widerfahren

SCHÖPFERKRAFT

ist oder was ihn antreibt und beunruhigt. Ich kann all diejenigen verstehen, die ratlos sind. Selbst bei meinen Eltern war Sexualität ein Tabuthema, ich habe sie niemals nackt gesehen. In meiner bewussten evangelischen Erziehung gab es für mich weder im Elternhaus noch in der Kirche einen halbwegs brauchbaren Ansatz zum Umgang mit der eigenen Lust.

Ich möchte gerne jedem Menschen den Rat geben, sich seiner Sexualität und allem, was damit verbunden ist, bewusst zu werden. »Ja« zu den eigenen Bedürfnissen zu sagen, sie zu leben und Freude daraus zu entwickeln. Oft fällt es schwer, sich mit anderen über dieses Thema auszutauschen, aber es ist wichtig, mit der Partnerin oder dem Partner darüber ins Gespräch zu kommen. Auch rate ich dazu, die volle Verantwortung für das, was stattfindet, sowie für die Folgen zu übernehmen. Sexualität darf niemandem schaden, sie darf weder wehtun noch verletzen und nur im Einvernehmen mit den Beteiligten stattfinden.

Das Ziel dieser Kraft liegt in unbändiger Lebensfreude, Kreativität, Lebens- und Schaffenskraft, wunderschönen Gefühlen, verantwortungsbewusster Fortpflanzung und einem tiefen inneren Frieden.

4. Begegnung
mit der Gesundheit

Heute, am 12. Februar 2018, an dem ich diesen Abschnitt schreibe, jährt sich der Unfall, der mich beinahe mein Leben gekostet hätte, zum fünften Mal.

Meine Frau Jutta ist in Mönchengladbach bei ihrer Schwester, die eine Chemotherapie bekommt und unsere volle Unterstützung braucht. Einer unserer Enkel liegt mit einer starken Erkältung bei uns im Bett und freut sich, dass ich zu Hause bin. Heute hätte mein guter Freund Dietmar Geburtstag, der mir Jahrzehnte ein treuer Wegbegleiter war und dessen Leben viel zu früh durch den Krebs beendet wurde. Gleich werde ich noch einmal meine Schwester und meinen Schwager anrufen, denn auch sie sind krank. Draußen muss ich nach einem verletzten Pferd schauen und einem weiteren seine Hustenmedizin geben. Ich möchte auch noch mit zwei Kunden telefonieren, einer ist in der Pharma-, der andere in der Orthopädiebranche beschäftigt. Heute ist der Tag, an dem ich sehr bewusst über meine Begegnung mit der eigenen Gesundheit nachdenke und meine Gedanken dazu niederschreibe.

Meine Enkelkinder, die mich in erster Linie zu diesem Buch inspiriert haben, sind inzwischen 17, 16 und

SCHÖPFERKRAFT

13 Jahre alt, Oskar ist gerade erst geboren. Und wie jeder Mensch, so sind auch sie mit einem ›Fleisch-Moped‹ auf die Welt gekommen, so nenne ich unseren Körper gerne. Auch ihnen wurde keine Gebrauchsanleitung für ihren Körper mitgegeben und so müssen sie ein Leben lang ausprobieren, was es mit diesem ›Moped‹ auf sich hat: wie es funktioniert, was ihm guttut und was ihm schadet.

Im Laufe unseres Lebens müssen wir die vielen Facetten unseres Körpers kennenlernen und einen bewussten Umgang mit den Signalen, die er uns sendet, finden. Vor allem bei diesem Kapitel hoffe ich, dass meine Enkel dieses Büchlein möglichst früh in ihrem Leben lesen und ein Bewusstsein für ihre Gesundheit entwickeln.

Man hat nur einen Körper und muss mit ihm alt werden.

Die sieben Begegnungen

Ich selbst bin mit Limonade und einem gut gemeinten Bonbon – oft vor dem Schlafengehen und nach dem Zähneputzen – groß geworden. Zahnseide und Zwischenraumbürste gab es damals nicht. Heute bekomme ich wie viele andere meiner Generation die Folgen davon zu spüren, was ich in der Jugend unwissentlich falsch oder gar nicht gemacht habe.

Ich weiß, dass es einige Zeit dauert, bis einem so richtig bewusst wird, dass man nur dieses eine Moped hat und mit ihm alt werden muss, weil man kein neues mehr bekommt. Und dass alle Ersatzteile, mögen sie auch noch so gut sein, doch nicht annähernd an das Original herankommen. Es braucht lange, bis man ein Bewusstsein und einen Umgang dafür entwickelt, wann man sein Moped pflegt und wann man etwas tut, das ihm schadet oder, wie ich es in meinen Vorträgen sehr platt ausdrücke, »dem Moped selbst in den Tank pinkelt«.

Es dauert lange, bis man weiß,
wie man seinen Körper gut versorgt ...

SCHÖPFERKRAFT

... und was ihm schadet.

Ich bin kein Gesundheitsspezialist, es geht mir wie bei den vorangegangenen Themen einzig darum, meine Gedanken und Beobachtungen mitzuteilen, warum ich glaube, mein Leben glücklicher, erfolgreicher, leichter und mit mehr innerem Frieden gestalten zu können.

Ich freue mich sehr, dass unsere Enkel bisher nicht rauchen und noch keinen Alkohol trinken. Mittlerweile ist mir bewusst, dass ich in meinen jungen Jahren zu wenig auf meinen Körper geachtet habe, denn vor allem ging es darum, viel Geld zu verdienen. Heute gebe ich viel Geld aus, um Gesundheit zurückzuerlangen. Das hätte ich besser machen können.

Das Thema Gesundheit begegnet mir auch in vielen Coachings und unterschiedlichen Lebensbereichen und so möchte ich beschreiben, was meiner Gesundheit gutgetan hat und immer dienlich ist.

Als Erstes möchte ich auf gesunde Lebensmittel hinweisen. Sie sollten möglichst biologisch, ökologisch, nachhaltig, vollwertig sein. Wir sollten uns davon abwechslungsreich ernähren, sie schonend zubereiten und achtsam und in Ruhe verspeisen. Es ist sinnvoll, immer wieder zu prüfen, ob sie einen mit den erforderlichen Vitaminen und Mineralstoffen versorgen. Ist das nicht der Fall, empfehle ich eine gezielte Nahrungsergänzung, um die Batterien und Akkus des Körpers wieder aufzuladen. Dabei hat jeder Mensch einen individuellen Bedarf und Verbrauch. Es lohnt sich, einen liebevollen und einfühlsamen Umgang mit seinem Körper zu erlernen, um nicht irgendwann den Preis für seine Nachlässigkeit zu zahlen.

Es gibt Nahrung, die man eigentlich gar nicht als Lebens-Mittel bezeichnen kann, denn wenn man sie zu sich nimmt oder zu viel davon isst, schaden sie mehr, als dass sie dem Körper Gutes tun. Und es gibt selten jemanden, der darauf achtet, was und wie viel davon er bzw. sie zu sich nimmt.

Als zweiten Punkt möchte ich auf ausreichend Bewegung an der frischen Luft hinweisen. Es ist wichtig, den Körper ganzheitlich zu trainieren, zu fördern und zu fordern. So bereitet es viel Freude, ihn zu erden, zu dehnen und seine Kondition und Leistungsfähigkeit zu steigern. Mangelnde Zeit oder fehlendes Geld sind kein Argument, denn Laufen, Tanzen, Liegestütze beispielsweise kann jeder ganz einfach umsetzen. Der einzige Hinderungsgrund ist meist unser bereits oben erwähnter innerer Schweinehund.

SCHÖPFERKRAFT

Meine dritte Empfehlung ist die Entspannung, das ›Auf-hören‹ in den Himmel, den Raum, in diese unendliche Wolke voller Möglichkeiten: Meditieren, Beten, Saunabesuche, Dösen, Tagträumen, Sich-Ausklinken, Chillen – einfach sein. Dazu gehört als Unterpunkt die Gedankenhygiene. Es geht darum, Gedanken an das zu denken, was wirklich ist und was ich selbst möchte. Sich gedanklich damit zu befassen, was man einmal anfassen möchte, was greifbar werden soll – in dem Wissen, dass jeder Gedanke das Bestreben hat, Wirklichkeit zu werden. Dies sind die wichtigsten Dinge, die mich in meinem Leben gesundheitlich weit nach vorne gebracht haben.

Wenn ich heute sehe, wie eines meiner Enkelkinder einen Großteil seiner freien Zeit im Internet verbringt, leide ich schon ein wenig. Denn ich weiß, was es bedeuten kann, den Körper nicht ausreichend zu trainieren und zu fordern. Manchmal sage ich dann aus Spaß zu ihm: »Wenn wir deinen Bewegungsradius verdoppeln wollen, müssen wir nur dein Handykabel auf zwei Meter verlängern.« Oder: »Wenn deine Freundin später einmal Sixpacks sehen will, dann schick sie zu Opa.« Der Geigenbauer Martin Schleske schreibt in seinem Bestseller *Herztöne: Lauschen auf den Klang des Lebens*:

> *Es fehlt der Seele viel, wenn sie keine Rituale*
> *hat. Es ist unerlässlich, sich Rituale in guten*
> *Zeiten zu schaffen und nicht erst dann,*
> *wenn man sie braucht.*

Ich stimme seinen Worten voll und ganz zu und beziehe auch noch den Körper mit ein. Am Morgen werde ich früh wach und noch im Bett vollziehe ich ein sehr bewusstes Atemtraining, das nach meinem schweren Unfall entstand, als meine Lunge schwer krank war.

Danach kommt eine Phase des Betens, im Idealfall mit meiner Frau im Arm, die zu mir unter die Decke krabbelt. Als Nächstes stehe ich auf und tanze eine halbe Stunde nach einem inneren Rhythmus. Das ist Gymnastik und Konditionstraining zugleich. Es folgen zwei Kraftübungen in drei Sätzen, die ich täglich ändere, aber wöchentlich wiederhole. Nach der Dusche und dem Frühstück strotze ich vor Energie. Zwei Tage in der Woche habe ich frei von diesem Ritual, auch das ist wichtig.

Fünfmal in der Woche möchte ich reiten oder eventuell auch mehr. Zudem arbeite ich täglich zwei bis vier Stunden körperlich auf dem Hof. Wenn man mich fragt, warum ich fit bin: unter anderem bestimmt aufgrund dieser Rituale.

Inspiriert durch einen brachliegenden Acker schreibt Martin Schleske:

Der ausgelaugte Mensch hat sich das Brachliegen verboten. Es ist wichtig, dass wir nicht nur hören, was wir sollen, sondern auch spüren, was wir wollen.

SCHÖPFERKRAFT

Diese Zeilen sollen das Bewusstsein und die Wahrnehmung dafür schärfen, dass unsere Gesundheit das Wichtigste ist, was wir haben. Unsere Zellen danken uns für gute Nahrung, sauberes Wasser, ausreichend Sauerstoff und bestmögliche Information (guten Geist).

Spüre früh genug, dass du gesund sein und bleiben willst, und überlege, was das letzte Kapitel für dich bedeuten könnte. Kreiere dein erstes Ritual – JETZT.

5. Begegnung
mit dem eigenen Beruf

Wikipedia definiert Beruf als » [...] die im Rahmen einer arbeitsteiligen Wirtschaftsordnung aufgrund besonderer Eignung und Neigung systematisch erlernte, spezialisierte, meistens mit einem Qualifikationsnachweis versehene, dauerhaft und gegen Entgelt ausgeübte Betätigung eines Menschen«. Wohl dem, der den Beruf gefunden hat, von dem er sagen kann: »Das ist so richtig mein Ding.«

Die Ausübung ihres Berufes nimmt bei vielen einen Großteil des Tages in Anspruch und bindet sie während dieser Zeit zudem noch in erheblichem Umfang an die immer gleichen Menschen und Tätigkeiten. Wenn Menschen zum Gespräch zu mir kommen, ist Unzufriedenheit im Beruf ein häufiges Thema. Aus diesem Grund hoffe ich, auch zu diesem Bereich ein paar Impulse für diejenigen bereithalten zu können, denen es an einem kraftvollen, authentischen Leben mangelt.

Das vorne beschriebene Training der Selbsterkenntnis ist auch eine gute Methode, um sich seinen beruflichen Alltag einmal bewusst zu machen. Denn das, was bisher nicht erkannt ist an Ängsten, Verletzungen oder an dem Gefühl, nicht gut genug zu sein, wird

SCHÖPFERKRAFT

dir früher oder später auch in den Menschen und Projekten am Arbeitsplatz begegnen. Darüber hinaus triffst du auch noch auf einiges andere und so empfehle ich, dir im Zusammenhang mit deinem Beruf drei Fragen zu stellen:

- Begegnen mir im Rahmen meiner täglichen Arbeit meine wichtigsten Werte?

- Habe ich in meiner Tätigkeit die Gelegenheit, mein Talent auszuleben?

- Gibt es viele Tätigkeiten, die mir wirklich Freude bereiten?

Beantwortest du nur eine dieser Fragen mit »Nein«, dann ist es Zeit, genauer hinzuschauen und gegebenenfalls zur Veränderung und persönlichen Entwicklung bereit zu sein.

Menschen, die in ihrem Beruf nicht ihren wichtigsten Werten begegnen, verlieren die Freude und Motivation an ihrer Arbeit. Und Menschen, die ihre Werte im Leben nicht gespiegelt bekommen, geht die Lust am Leben verloren. Wir alle haben sehr unterschiedliche Werte. Für die einen steht an oberster Stelle Freiheit, für andere indes Geborgenheit, Ehrlichkeit, Gesundheit, innerer Frieden, Lebensfreude, Loyalität, Integrität, Verlässlichkeit oder Offenheit.

Die sieben Begegnungen

Es gab eine Lebensphase, in der mir fünf Werte wichtig waren, die mir aber selten begegnet sind. Das waren Gesundheit, innerer Frieden, Lebensfreude, Gottvertrauen und Leichtigkeit. Mir schien, als hätten sich diese mir so wichtigen Werte weitgehend aus meinem Leben verabschiedet. Als mir das bewusst wurde, begann ich, regelmäßig fünf Sätze aus dem Drehbuch meines Lebens zu wiederholen, das ich für mich entworfen hatte: Immer wieder sprach ich vor mich hin:

- »Ich bin gesund.«
- »Ich habe inneren Frieden.«
- »Ich bin voller Lebensfreude.«
- »Ich habe absolutes Gottvertrauen.«
- »Ich habe es leicht.«

Wenn das stimmt, was ich weiter vorne beschrieben habe – und für mein Leben scheint es zu stimmen –, dann habe ich mich mit etwas befasst und in meiner Vorstellung ein Bild dazu entworfen. Und mehr als einmal habe ich erfahren, dass ich eines Tages habe greifen können, womit ich mich vorher gedanklich intensiv befasst hatte.

Heute bin ich gesünder, verfüge über einen großen inneren Frieden, unbändige Lebensfreude, ein großes Gottvertrauen (Urvertrauen) und erfahre viel Leichtigkeit auf meinem Weg. Das führt dazu, dass zwei Komponenten in meinem Leben wirksam werden. Erstens

SCHÖPFERKRAFT

bewege ich mich, teilweise intuitiv und teilweise sehr bewusst, auf etwas zu und zweitens kommt es wie von Zauberhand auf mich zu, weil ich offen dafür bin. Dieses Tun auf der einen und das Geschehenlassen auf der anderen Seite gehören für mich zur Mystik des Lebens.

Wenn man die Lust und Freude an seinem Beruf verloren hat oder vielleicht sogar am Leben selbst, ist es wichtig, sich seiner größten Werte noch einmal bewusst zu werden. Das kann niemand übernehmen, mit seinen Werten muss man sich selbst befassen.

Ich glaube, ich wurde Bauingenieur und trat in die Fußstapfen meines Vaters, weil ich ein ›guter‹ Sohn sein wollte, einer der sich angenommen und geliebt fühlt. Dass ich dazu noch Wirtschaftsingenieur wurde, war ein kleiner Schritt in meine eigene Richtung. Wirkliches Talent hatte ich als Ingenieur nicht. So realisierte ich, dass ich viel Energie aufbringen musste, um selbst durchschnittliche Ergebnisse zu erzielen, denn ich hatte mich für einen Beruf entschieden, für den ich nicht wirklich begabt war.

Das wurde mir zum Glück bewusst, weil ich jahrzehntelang Pferde trainierte. Denn trainiert man Pferde in etwas, ohne dass sie wirklich eine Veranlagung dazu haben, trainiert man eigentlich ständig nur an den Schwächen und erreicht mit viel Schweiß und Mühe auf beiden Seiten dennoch nur Durchschnittliches. Trainiert man ein Pferd hingegen seiner Begabung entsprechend, erreicht man beinahe mühelos Spitzenleistungen.

Die sieben Begegnungen

Diese Erkenntnis war damals nicht nur für mich und unsere Pferde Gold wert, sie war es auch für meine ehemalige Firma. Die Talente meiner Mitarbeiter zu erkennen und zu fördern, brachte mich und alle Beteiligten in der Firma und im Team richtig nach vorne. Auf diese Weise wurde mir immer klarer, dass eine Gabe oft nicht erkannt, geschweige denn gefördert wird im Leben von uns Menschen. Im ungünstigsten Fall wurde Talent in der Kindheit sogar bestraft: »Lass endlich diese Schmiererei«, wurde dem künstlerisch begabten Kind gesagt und statt es zu unterstützen, wurde ihm Strafe angedroht. Es scheint mir, als begänne das Bildungssystem selbst heutzutage erst langsam, sich mit der frühzeitigen Förderung von Talenten zu beschäftigen.

Erst durch die intensive Auseinandersetzung und Begegnung mit mir selbst und meinem Beruf konnte ich erkennen, dass ich es nicht leicht haben konnte als Ingenieur, da ich nicht wirklich talentiert für diesen Beruf war. Mein wirkliches Talent zu erkennen und anzunehmen war ein wichtiger Schritt in die Richtung, meinem ureigenen Wesen, meinem Original näherzukommen.

Aus meiner Geschichte und aus der Geschichte vieler Menschen, die ich begleiten durfte, weiß ich heute: Egal was es ist, egal mit welche Fähigkeiten jemand besonders ausgestattet ist, es gibt bereits Menschen, die genau damit Geld verdienen und erfolgreich sind. Jeder Mensch ist auf seine Weise ein Mozart,

SCHÖPFERKRAFT

Goethe oder Bill Gates. Und Menschen, die an ihren Talenten vorbeileben, entfalten ihre Lebenskraft nicht vollständig.

Aber was macht jemand wie ich, der Talent im Umgang mit Pferden hat, der Geschichten erzählen, inspirieren, motivieren, begeistern, bewusst machen, faszinieren und lieben kann? Er trainiert am besten Pferde und Menschen oder Führungskräfte mit Pferden, hält Vorträge, begleitet Unternehmerinnen und Unternehmer und bleibt auf seinem Weg. Die Leichtigkeit kommt dann ganz von allein ins Leben.

In der Schulzeit und während des Studiums hat sich scheinbar niemand für unsere Talente interessiert. Und auch heute noch ist es leider viel zu selten der Fall. Wir können es hingegen selbst tun. Es ist immer möglich, sich auf die Suche nach den wertvollsten Eigenschaften zu begeben, die man in sich trägt, um sie der Welt zur Verfügung zu stellen. Es ist an der Zeit, in seinem Beruf das zu verwirklichen, was von Herzen Freude bereitet, was einen begeistert, inspiriert – eine Tätigkeit auszuüben, die Zeit und Raum vergessen lässt, wenn man ihr nachgeht.

Hat man Freude an dem, was man tut, dann leuchten die Augen und damit leuchtet auch ein Stück Unternehmen. Das wird auch von außen deutlich wahrgenommen. Freude hat eine Ansteckungskraft gegenüber Chefs, Mitarbeitern und Kunden. Freude ist zudem ein wichtiger Gesundheitsfaktor, Freude ist ein starker Motor. Ich bin dafür, dass Freude das Grundgesetz des

Lebens sein sollte. Wenn es einem Menschen an Freude mangelt, dann empfehle ich, noch einmal im Kapitel über Vergebung nachzulesen. »Wo Groll ist, ist keine Freude«, habe ich dort geschrieben. Wenn es nicht der Groll ist, der das Leben freudlos macht, dann sollte man sich fragen, ob es im Beruf und in der Freizeit oft die Gelegenheit gibt, Dinge zu tun, die von Herzen Spaß machen. Um eine Antwort auf diese Fragen zu finden, können wir uns nur selbst auf den Weg machen.

Ich brauchte Mut und musste zuerst meine Angst überwinden, um in die Auseinandersetzung mit mir selbst zu treten, aber letztendlich habe ich mich getraut: Mit 47 Jahren verkaufte ich meine sichere Firma und wagte den Neustart. Heute tue ich ständig Dinge, die mir Freude bereiten und für die ich Talent habe. Und siehe da, mir begegnet ständig Leichtigkeit! Niemals zuvor war ich meinem Wesen in dem, wie ich lebe und arbeite, so nahe. Und genau deshalb drängt es mich, die Impulse für dieses kraftvolle, authentische Leben an dich weiterzugeben.

Die Umsetzung dieses Kapitels beginnt am besten in diesem Augenblick. Das Buch darf auch morgen weitergelesen werden.

6. Begegnung
mit dem Thema Geld

Geld ist auch immer wieder ein Thema, wenn Menschen meinen Rat suchen. Für mich ist Geld eine spannende, höchst interessante Form von Energie, die sich ständig zwischen uns Menschen bewegt, mal lange an einen Menschen gebunden ist, mal nur kurz vorbeischaut.

Als junger Mann hatte ich immer gerne einen Notschein in meiner Börse, der mich teilweise jahrelang begleitete, wenn ich außer Haus war. Es war ein klein gefalteter 1.000 DM-Schein, versteckt hinter meinem Führerschein. Im Haus lag er meistens am gleichen Platz, zusammen mit dem Autoschlüssel, außer Haus war er meistens dabei und gab mir ein gutes Gefühl.

Neben dem Notschein habe ich auch sonst gerne etwas mehr Geld im Portemonnaie, selbst heute noch, im Zeitalter der Kreditkarten. Ich kenne viele Leute, die es nicht gern mögen, viel Bargeld bei sich zu haben. Das ist also sehr unterschiedlich bei uns Menschen und zeigt wiederum eine Einstellung. Manchmal habe ich es wie einer meiner besten Persönlichkeitstrainer gemacht, Arthur Lassen, der leider zu früh verstorben ist und der ein sehr gutes Buch zum Thema Geld geschrie-

SCHÖPFERKRAFT

ben hat: *Geld ist eine Vision.* So habe ich ab und zu den Tausender herausgeholt und zu ihm gesagt: »Lade Brüder und Schwestern ein, dass sie oft zu Besuch kommen. Sie sollen ja nur mal vorbeischauen, dann dürfen sie weiterziehen als Tausch- und Zahlungsmittel.«

Meinen Kindern oder guten Freunden sage ich schon einmal, dass ich, wenn ich auf Reisen bin, gerne so viel Bargeld dabei habe, dass ich mir zur Not ein Pferd oder ein einfaches Auto kaufen kann, um wieder heimzukommen. Gefühle, die ich mit Bargeld verbinde, sind also unter anderem Sicherheit, Freiheit, Flexibilität. Genauso kann Geld bei anderen Menschen aber auch Angst, Unsicherheit und ein schlechtes Gewissen auslösen. Das alles hat viel mit der Erziehung, der Familientradition und der eigenen Geschichte zu tun.

Wenn Menschen zu mir kommen und mit mir über das Thema Geld sprechen möchten, ist es sinnvoll, zunächst über ihre Einstellung, die Familiengeschichte und Erlebnisse im Zusammenhang mit Geld nachzudenken, um sich das Thema bewusster zu machen. Ich habe keine Beweise, aber meine Beobachtung lässt mich stark vermuten, dass es etwas mit uns, unserer Einstellung und unserem Denken zu tun hat, ob Geld gerne zu uns kommt oder ob es einen großen Bogen um uns macht. *Wie innen, so außen*, heißt es ja. Dass bisher übrigens nie jemand mit dem Anliegen zu mir gekommen ist, zu viel Geld zu haben, bewerte ich dahingehend, dass dieses wohl ein lösbares Problem ist.

Die sieben Begegnungen

Ich habe beobachtet, dass der Fluss des Geldes in meinem Leben eng mit meinen inneren Bildern und meiner Vorstellungskraft zusammenhängt. Zudem scheint er von kosmischen Gesetzen mit beeinflusst zu sein, zum Beispiel das Säen und Ernten oder Geben und Nehmen. Dazu möchte ich ein konkretes Beispiel aus meiner Kindheit erzählen, das mich sehr geprägt hat.

Mein Vater kaufte, als ich circa drei Jahre alt war, das erste Fjordpferd. Danach kamen noch weitere hinzu und später auch noch Isländer. Durch etwas Zucht waren es zeitweise 15 und mehr Ponys auf unserem Hof. Meine Faszination und Liebe zu diesen Tieren war schon immer außergewöhnlich groß, anders als bei meinen vier Geschwistern. Meine Mutter hatte kein Interesse an Pferden und mein Vater verlor es innerhalb der ersten zehn Jahre zunehmend. Im Alter von 14 Jahren verbrachte ich jede freie Minute mit Reiten oder mit Arbeiten rund ums Pferd. Meine Eltern begannen mich zu beeinflussen, dass wir die Pferde doch wieder abschaffen sollten, da sie viel Arbeit und Kosten verursachten.

Mein Pferd Bleikur, mit dem ich die längsten Ritte unternahm und täglich oft Stunden unterwegs war, brauchte alle sechs bis acht Wochen neue Hufeisen. Diese kosteten anfangs 40 DM, später, als ich zwischen 14 und 17 Jahre alt war, betrug die Rechnung des Hufschmieds bereits 50 DM. Meine Eltern unterstützen mich zwar finanziell, aber das war begleitet von einem unangenehmen Gefühl und auch meinen Geschwistern gegenüber ungerecht, weil mein Hobby einfach sehr teuer war. Ich fragte nicht mehr gerne wegen Geld, aber alle paar Wochen war eben der damals für mich große Betrag von 50 DM für neue Hufeisen fällig. Häufig hatte ich zum Wochenende erst vier oder fünf Mark gespart und wusste, dass dieser Betrag für den Termin beim Hufschmied in der nächsten Woche bei Weitem noch nicht reichte.

So begann ich, diese fünf Mark am Sonntag in die Kollekte der Kirche zu spenden. Und wie von Geisterhand waren wenige Tage später die 50 DM da: durch einen guten Job, ein unerwartetes Geschenk von Tante Emma, Oma oder Opa oder durch eine Tätigkeit für meine Eltern, Großeltern oder Nachbarn. Das ist eine Kindheitserfahrung, die mich für mein Leben geprägt hat: Der Kreislauf fängt mit Geben an. Denn wer Großzügigkeit ernten will, sollte Großzügigkeit säen.

Eine zweite Geschichte hat mich sehr viele Jahre meines Lebens begleitet. Mit Ende 20 war ich schon erfolgreich selbstständig und verdiente gutes Geld mit unserem Ingenieurbüro, hatte aber auch noch Schulden. In dieser Zeit liehen wir einem damals über 50-jährigen Architekten, der in Not geraten war, 8.000;- DM. Das war für meine Frau und mich viel Geld, zumal wir selbst noch einiges abzutragen hatten. Aber die Tränen in den Augen des älteren Mannes und die Geschichte von seiner kranken Frau ließen uns reinen Herzens helfen. Er hat sich nie mehr gemeldet und das Geld nicht zurückgegeben.

Die sieben Begegnungen

Immer wieder gab es Situationen, da hätten wir das Geld gut gebrauchen können, wenn es im Geschäft eng wurde oder als wir gebaut hatten. Viele Jahre danach rief mich eines Abends ein Freund etwas aufgeregt an. Er war später heimgekommen, weil er noch abgerechnet hatte, und sah eine Nachbarin bei seiner Frau. Beide weinten, denn bei den Nachbarn gab es große Not: Der Mann war bereits lange Zeit krank, die Frau arbeitslos, die Kinder waren noch klein, das Auto kaputt und das alles kurz vor Weihnachten. Mein Freund erzählte, dass er ihr die ganzen 5.000 DM gegeben habe, die er abgerechnet hatte. Und im gleichen Augenblick hatte er das Gefühl, sie seien weg.

Als er mir das berichtete, dachte ich sofort an meine alte Geschichte und es fiel mir etwas wie Schuppen von den Augen: Wir haben unser Geld zwar nicht von dem Architekten zurückbekommen, aber unser großzügiges Geben aus reinem Herzen ist uns danach überall begegnet und das Geld auf diese Weise vielfach zurückgekehrt. In diesem Moment konnte ich meinem Freund sagen, dass er sich keine Gedanken machen soll, denn das Geld käme vielleicht nicht von den Nachbarn zurück, aber ganz bestimmt von irgendwo anders.

Beweise habe ich dafür nicht, keine Berechnungsformel und auch keine Regel, aber scheinbar funktioniert es in meiner Welt so und ich kann jedem, der großzügig bekommen möchte, nur empfehlen, auch großzügig zu geben. In diesem Zusammenhang möchte ich an mein Kapitel *Selbsterkenntnis* erinnern. Demnach sollte jeder auch seine Einstellung zu Geld, Reichtum und Besitz prüfen und sich daran erinnern, was die Eltern und Großeltern darüber dachten. Vielleicht finden wir auf diese Weise heraus, warum wir dem Geld unbewusst den Weg zu uns versperren. Möglicherweise gibt es ja die uralte Überzeugung, Geld verderbe den Charakter – und wer will schon gerne einen schlechten Charakter.

In meiner Selbstbetrachtung und dem Nachdenken darüber, wie sich eine Geldmenge mit mir bewegt, oder ich mich mit ihr bewege, habe ich beobachtet, dass meine starken inneren Bilder immer das notwendige Geld angezogen haben. Sobald meine Faszination, meine Liebe, mein brennendes Verlangen, mein Enthusiasmus in Richtung meiner Vorstellungskraft fließen, sobald ich mich mit Geist und Seele mit etwas befasse, fließt das Geld und auch die Möglichkeiten eröffnen sich. Ob es eine Reise, eine Reithalle im Garten, ein Auto oder was auch immer ist: Der Kosmos scheint sich in Bewegung zu setzen, sich und mich, damit ich bald anfassen kann, was sich bereits lebhaft in meiner Vorstellungskraft geformt hat.

Wenn das Geld dann zu uns kommt, in welcher Form und Menge auch immer, dann sollten wir uns an das Training der Dankbarkeit erinnern, ihr entsprechend Raum und Zeit geben und dankbar begrüßen, was wir bekommen haben.

Die sieben Begegnungen

Der Fluss des Geldes hängt sehr mit inneren Bildern, eigener
Vorstellungskraft und persönlichen Werten zusammen

7. Begegnung
mit dem eigenen Glauben

Ein weiteres Thema, das offensichtlich viel Einfluss auf unsere innere Stabilität, unseren inneren Frieden und damit auch unseren Erfolg im Leben hat, hängt mit unserem Glauben zusammen.

Diesen größeren Zusammenhang ordnen wir gerne einem Wesen zu, einem Gottvater, der uns führt und beschützt, oder einer Mutter Erde, die uns trägt und nährt – manchmal sind es beide oder auch etwas noch Höheres. Wir verwenden nicht nur Benennungen wie Vater, Mutter, Großer Geist, Gott oder Schöpfer, nein, die Menschen haben zu allen Zeiten überall auf der Welt versucht, sich dieses Wesen vorzustellen. Sie haben es mit unterschiedlichen Religionen verbunden, dementsprechend Regeln aufgestellt und diese als ihre einzige Wahrheit verkündet. Wenn wir dem Glauben die Liebe entziehen, zu der wir zweifelsohne fähig sind, dann trifft zu, was Laotse sagt: »Glaube ohne Liebe macht fanatisch«, und dann Gnade Gott den Andersglaubenden.

In meiner christlich evangelischen Erziehung gab es ein gewisses Maß an Strenge und Konsequenz. Als Heranwachsender erkannte ich, dass meine Erziehung

SCHÖPFERKRAFT

gar nicht so eng war wie es mir vorkam, denn bei meinen Großeltern und Urgroßeltern war es deutlich strenger zugegangen. Immerhin war es für mich damals möglich, eine Frau katholischen Glaubens zu heiraten, was zwei Generationen zuvor in unserer Kirchengemeinde für viele undenkbar gewesen wäre.

In der Begleitung von Führungskräften wird das Thema des eigenen Glaubens meist erst angesprochen, wenn wir die Bereiche der vorangegangenen Kapitel bereits reflektiert haben. Ab und zu geraten meine Klienten und ich dabei ins Philosophieren über dieses große Ganze, von unserem Verstand nicht zu erfassende Unvorstellbare, von dem wir uns einfach kein Bild machen können. Dann sprechen wir über den Glauben und nicht über etwas, das wissenschaftlich zu erklären ist.

Ich möchte keine Religionen miteinander vergleichen und nicht über sehr strenge und enge Glaubensrichtungen urteilen. Vielmehr möchte ich deinen Fokus darauf richten, dass es etwas gibt, das größer ist als der Mensch, und dass es sinnvoll ist, so früh wie möglich im Leben bewusst ein Teil davon zu werden – ein Teil von etwas, das größer ist als wir, gleichzeitig aber auch zu unserem menschlichen Dasein gehört.

In meinen Vorträgen lese ich dazu gerne einen Text des Sioux Chased-by-Bears:

Wenn ein Mensch etwas vollbringt, das alle in Erstaunen versetzt, dann sagt man, es ist wun-

Die sieben Begegnungen

derbar. Aber wenn wir den Wechsel von Tag und Nacht beobachten, die Sonne, den Mond und die Sterne am Himmel und die Abfolge der Jahreszeiten auf der Erde verfolgen, die die Früchte reifen lässt, dann muss jedem klar werden, dass dies das Werk eines Wesens ist, das größer ist als der Mensch.

Meiner Meinung nach ist dieser Text an keine Religion gebunden. Dieses stete Zusammenspiel von Wirkkräften können wir mit unserem begrenzten menschlichen Verstand einfach nicht erfassen. Und wenn wir uns und unser eigenes Leben in diesem Zusammenhang betrachten, dann wachsen Glaube, Gottvertrauen und Urvertrauen.

Wenn wir unser Denken, unser Tun und unsere Gewohnheiten bewusst beobachten und gleichzeitig darauf achten, was ohne unser Zutun geschieht, können wir oft nur noch staunen. Zunehmend erkennen wir unseren Anteil an den sogenannten Zufällen in unserem Leben und immer häufiger fällt uns dann scheinbar etwas wie von selbst in den Schoß. Und gleichzeitig nimmt auch unser Bewusstsein für Ursache und Wirkung zu. Je mehr wir realisieren, dass wir in diesem großen Zusammenhang immer mitwirken, desto bewusster wirken wir mit. Von da an wird aus dem Funken Schöpferkraft, der in jedem Augenblick in uns vorhanden ist, eine Flamme, die verbunden ist mit

SCHÖPFERKRAFT

allem, was existiert. Dann kommt zum eigenen Handeln das Geschehenlassen hinzu, welches die Leichtigkeit ins Leben bringt.

Immer wenn ich dem nahe bin, was ich soeben beschrieben habe, entsteht in mir das Gefühl, dass ich beim lieben Gott auf dem Schoß sitzen darf. (Ich nenne diese höhere Kraft ›lieber Gott‹, weil es die Bezeichnung ist, mit der ich groß geworden bin.) Je mehr ich selbst den Trainings gefolgt bin, die ich vorne empfehle, und dem Leben bewusst begegnet bin, wie ich es beschrieben habe, desto mehr haben sich Erfolg, Lebensfreude, Glück, innerer Friede und Leichtigkeit in meinem Leben eingestellt und desto mehr ist meine Lust an einem kraftvollen, authentischen Leben gewachsen. Ich möchte noch einmal Martin Schleske zitieren, der in seinem Bestseller *Herztöne: Lauschen auf den Klang des Lebens* im Kapitel ›Die Wolke der Möglichkeiten‹ unsere Schöpferkraft sehr schön beschreibt:

> *Ein Herz, das voller Aggression ist, wird aus der Wolke der Möglichkeiten das ins Leben rufen, was seiner Aggression entspricht, ein Herz voller Angst wird in jeder Situation ins Leben rufen, was seiner Angst entspricht, ein Herz voller Unerlöstheit und Bitterkeit wird aus dem Potenzialfeld des Möglichen ins Leben rufen, was seiner Bitterkeit entspricht und es entsteht ein bitteres Jetzt.*

Das Geschehen ist nicht vorbestimmt, wir greifen vielmehr in Verheißungen hinein – oder daran vorbei. Wir erschaffen unsere eigene Welt, so wie Paulus im Galaterbrief 6,7 sagt:

Was der Mensch sät, das wird er ernten.

Wer verletzt ist, wird verletzen. So reproduzieren wir uns selbst. Die Welt spiegelt nur das, was wir im Herzen haben. Und Schleske schreibt im gleichen Kapitel weiter:

Die Weisheit unserer Seele wird uns das Ungefühlte fühlen und das Vergessene erinnern lassen. Denn sie erkennt den Weg ihrer Heilung. Sie wird das Uneingestandene und das Nichtversöhnte durch die Macht der Vergebung Schritt für Schritt ans Licht führen.

Solange Vergebung noch nicht in der gebotenen Tiefe in unserer Seele wirksam ist, werden wir durch unser Handeln und unser Geschick nur unentwegt unsere Verletzungen reproduzieren. Wenn unser Körper dies tut, reagiert er mit Krankheit. Doch gerade das kann bedeuten, dass er beginnt, unser falsches Denken zu erschüttern und unsere ungeheilten Erfahrungen ans Licht zu bringen.

Wenn ich vorne empfehle, Dankbarkeit, Liebe und Vergebung zu trainieren, dann deshalb, weil ich sie als die stärksten geistigen Kräfte in allen Bereichen meines Lebens erkennen durfte. Indem ich diese Kräfte praktiziere, erfahre ich immer öfter ein Einssein mit dem Gefühl, von Mutter Erde getragen und ernährt und von Gott Vater geführt und beschützt zu werden.

Ich habe dieses Buch geschrieben, um dir diesen göttlichen Funken, der in jedem von uns Menschen steckt, bewusst zu machen. Ich fühle mich reich beschenkt und gesegnet und es ist mir ein Anliegen, das Wertvollste, das ich habe, zu geben und zu teilen. Der Funke bringt uns unserem eigenen Anteil an der Schöpferkraft näher und weckt die Neugier und Lust, diesen zu leben und andere anzuregen, es ebenfalls zu tun – zum eigenen Wohl und zum Wohl der ganzen Schöpfung.

Der Preis für diesen Weg ist in erster Linie, sich etwas Zeit zu nehmen für sich selbst, Ruhe zu finden und nachzudenken. Das kostet keinen Cent. Der Gewinn, wenn er sich einstellt, ist das eigene kraftvolle, authentische Leben, unbändige Lebensfreude und tiefer, innerer Frieden.

Zusammenfassung

- Jeder Gedanke hat das Bestreben, Wirklichkeit zu werden. Unser Leben ist das Produkt unserer Gedanken. Sie stehen am Anfang von allem.

- Gedanken sind Kräfte. Mit ihnen können wir siegen oder untergehen, gewinnen oder verlieren. Sie können uns erfolgreich oder erfolglos, glücklich oder unzufrieden machen.

- Unsere Gedanken sind frei! Wir entscheiden darüber, was wir denken.

- Achtsamkeit und Aufmerksamkeit beschreiben die Kunst, eins zu sein mit sich und allem, was ist.

- Das, wohin meine Aufmerksamkeit fließt, das wächst.

- Es ist weise, andere zu erkennen, sich selbst zu erkennen, ist Erleuchtung.

- Vergib jedem Menschen, der in deinem Leben war oder ist.

- Nimm dein Leben, deine Größe, dein Sein, deine Vollkommenheit und deine Unvollkommenheit an.

- Sorge dich nicht. Bleib im Vertrauen.

- Gib der Dankbarkeit Raum und Zeit.

- Gib deinen Eltern die Ehre und entscheide bewusst, was von ihnen in dir weiterleben soll und was nicht.

- Erkenne im Feindbild dein Selbstbild.

- Sag Ja zu deiner Sexualität.

- Pflege deine Gesundheit, sei gut zu Körper, Geist und Seele.

- Erkenne und lebe deine Berufung.

- Erkenne deine Einstellung und Beziehung zu Geld.

- Entdecke und entfache den göttlichen Funken in dir, der dich zu Großem befähigt.

Das persönliche Drehbuch

Wir Menschen sind nicht so verschieden, wie wir gerne glauben wollen, aber bei Weitem auch nicht gleich. Das gilt für Körper, Geist und Seele. Wir sind mit individuellen Voraussetzungen auf die Welt gekommen und haben meist sehr unterschiedliche Umstände vorgefunden. Diese bunte Mischung findet jeweils ihren ganz eigenen Start ins Menschsein.

Wenn du diesem Buch bis hierher gefolgt bist, ist dabei vielleicht im Keim der Gedanke entstanden, dass wir mitwirken an unserer Schöpfung und Evolution. Was hindert uns also daran, es bewusst auszuprobieren und unser eigenes Drehbuch für unser weiteres Leben zu schreiben?

Ich wünsche mir, dass dein Leben parallel zum Lesen dieses Buches vor deinen Augen abläuft. Auf diese Weise ist dir vielleicht schon einiges bewusst geworden und du hast eine Idee davon bekommen, wie viel Einfluss unsere Gedanken auf uns und unser Leben haben. Jeder kann dabei nur selbst identifizieren, wie viele seiner positiven und konstruktiven Gedanken aus Faszination und Liebe entstehen und dass Gedanken, die aus Ablehnung und Angst hervorgebracht werden, eher destruktiv wirken. Denn scheinbar sind es unsere Gedanken, die einen großen Anteil daran haben, womit wir in unserem Leben in Berührung kommen und wovon wir getrennt sind.

Bevor du mit deinem Drehbuch beginnst, empfehle ich dir in **Schritt eins**, noch einmal die einzelnen Trainings und Begegnungen zu reflektieren und dir bewusst zu machen, wo du noch einen Mangel empfindest. Nimm dir dazu ein separates weißes Blatt Papier und schreibe die einzelnen Punkte dieses Mangels auf.

Notiere in **Schritt zwei** den von dir empfundenen Überfluss. Lenke deine Aufmerksamkeit und Dankbarkeit für einen Augenblick dorthin, in dem Wissen, dass du in deinem Leben bereits erfolgreich warst und dass zunimmt, wohin du deine Aufmerksamkeit und Dankbarkeit richtest.

In **Schritt drei** notiere deine Werte. Was sind deine persönlichen Werte? Deine Liste sollte umfangreich sein und wenn sie fertig ist, markiere abschließend diejenigen, die momentan Priorität haben. Jeder Mensch sollte seine wichtigsten Werte täglich gespiegelt bekommen, denn wer seine Werte nicht findet, verliert die Lust am Leben. Und wer seine Werte im beruflichen Alltag nicht findet, verliert entsprechend die Lust am Job.

In **Schritt vier** zähle deine Talente auf. Egal, was es ist, und ganz gleich, was du besonders gut kannst – es gibt vermutlich schon Menschen, die genau damit erfolgreich Geld verdienen. Denn jeder von uns ist ein Mozart in irgendetwas. Menschen, die an ihren Talenten vorbeileben, nutzen ihre Lebenskraft nicht und verlieren deutlich an Leichtigkeit.

Als meine Mitarbeiter zu ihrer Berufsausbildung auch ihre persönlichen Talente in ihre Arbeit einbrachten, tat meine Firma einen deutlichen Schritt nach vorne. Wann immer ich Menschen bitte, ihre Talente aufzuschreiben, kommt meist nur wenig aufs Papier. Vielleicht liegt es daran, dass tief in uns eine leise Stimme sagt: »Eigenlob stinkt.« Das kommt möglicherweise daher, dass unser Talent nie erkannt und gefördert wurde. Im schlimmsten Fall wurden wir als Kind für unsere Begabung sogar gerügt oder bestraft. Wenn dir zu deinen Talenten nichts einfällt, frage Familienmitglieder, Freunde oder Arbeitskollegen.

In **Schritt fünf** konzentriere dich auf deine Freuden. Welche Tätigkeiten bereiten dir richtig viel Freude? Es wird Zeit, dass wir Menschen uns im Alltag und im Beruf erlauben, Dinge zu tun, die uns von Herzen erfreuen, Tätigkeiten auszuüben, die uns begeistern und inspirieren.

Erfüllt uns das, was wir tun, dann leuchten unsere Augen, dann haben wir eine andere Strahlkraft, werden anders wahrgenommen und bekommen eine ande-

SCHÖPFERKRAFT

re Resonanz von unserer Umwelt. Die Liste deiner Freuden sollte ebenfalls umfangreich sein. Am Ende markiere auch hier deine fünf wichtigsten.

Du solltest jetzt bereits mindestens fünf Blätter beschrieben haben, gefüllt mit deiner Selbsterkenntnis aus diesem Buch und verbunden mit den Themen Mangel, Überfluss/Erfolg sowie deinen Werten, Talenten und Freuden. In **Schritt sechs** gilt es nun, den von dir empfundenen Mangel anzuschauen. Auf einem weiteren Blatt formuliere, was du dir stattdessen wünschst. Das sollte sich für dich richtig gut anfühlen.

Nimm dir in **Schritt sieben** die Zeit für ein kleines Ritual. Dazu kannst du z. B. an einem schönen Ort eine Kerze oder ein kleines Feuer anzünden und den Mangel verbrennen. Begleite dieses Ritual mit den Worten: »Hiermit übergebe ich meinen bisher empfundenen Mangel für immer dem Feuer, dem Rauch und dem Wind.«

Es erfordert Mut, die eigene Größe zu erkennen und anzunehmen. Zudem braucht es Stille, Zeit und Raum. Es benötigt etwas, das wir nicht kaufen oder delegieren können. Du musst dich bewusst für dieses Vorhaben entscheiden, ihm die Priorität geben und die eigene Trägheit überwinden. Und beginnen! Dieses Büchlein soll dich inspirieren und motivieren, dich auf die spannendste Reise deines Lebens zu begeben – die Reise zu dir selbst.

Sogleich kannst du nun in **Schritt acht** in kurzen, klaren und bejahenden Sätzen beginnen, einen genialen Ist-Zustand aufzuschreiben, so als wäre er bereits eingetreten. Gerne greife ich als Beispiel dazu die weiter oben beschriebenen Sätze auf, die möglicherweise aus den Werten abgeleitet werden, die im Leben gerade fehlen:

- *Ich bin gesund.*
- *Ich habe inneren Frieden.*
- *Ich bin voller Lebensfreude.*
- *Ich habe absolutes Gottvertrauen.*
- *Ich habe es leicht.*
- *Ich bin frei.*

Wichtig ist, dass sich jeder Satz gut anfühlt, dass dein Herz aufgeht, wenn du ihn ausspricht (Gefühle sind der Motor). Aus deinen Gedanken entspringen sofort Gefühle und daraus entstehen innere Bilder (Vorstellungskraft). Immer mehr entwickelt sich deine Motivation zu handeln und zunehmend die Achtsamkeit dafür, was von selbst geschieht. Ein starker Gedanke mit einem guten Gefühl, aufgeladen mit deiner Liebe, deinem Enthusiasmus und deinem brennenden Verlangen, scheint den gesamten Kosmos zu beauftragen und in Bewegung zu setzen.

Wenn der Entwurf zu deinem Drehbuch steht – das du übrigens jederzeit weiterschreiben kannst –, setze

Prioritäten, gib bestimmten Themen mehr Gewicht und formuliere je nach persönlicher Vorliebe entsprechend musischer oder bildhafter. Du kannst dein Drehbuch auch deinem Glauben entsprechend ausmalen und es in einen größeren spirituellen Zusammenhang setzen. Hier einige Beispiele:

Gesundheit
Ich bin gesund. Ich lebe gesund, denke gesund und ernähre mich gesund. Ich erkenne und gehe jetzt den Weg meiner Gesundheit. Ich bin körperlich und geistig topfit bis ins hohe Alter. Ich bin kerngesund und quicklebendig. Ich bin göttlich geführt, Gottes heilende Liebe verwandelt jetzt jedes Atom meines Körpers in göttliche Unversehrtheit, Schönheit und Vollkommenheit.

Leichtigkeit
Ich habe es leicht und erfahre Leichtigkeit bei allem, was ich tue oder lasse.

Mangel
Ich lebe in Wohlstand und Überfluss, ich führe ein Leben in und aus der Fülle heraus. Ich gebe viel und ich bekomme viel.

Mangel an Liebe
Ich bin gut, so wie ich bin. Ich bin liebenswert, so wie ich bin. Ich liebe und ich werde geliebt.

Vergebung
Ich vergebe und mir ist vergeben.

Sehnsucht nach Freiheit
Ich bin frei. Ich bin frei von der Meinung anderer Menschen. Ich bin frei von Schuld und Sünde. Ich bin frei von chronischen Schmerzen. Ich bin frei von Ängsten und Blockaden. Ich bin frei von einengenden Glaubenssätzen und Überzeugungen. Ich bin frei, zu tun und zu lassen, was immer ich will. Ich bin frei zu reden, wann ich will, und zu schweigen, wann ich will. Ich liebe meine Freiheit, ich lebe meine Freiheit, ich genieße meine Freiheit. (Wie grenzenlos und umfangreich deine Freiheit sein soll, kannst du ja beschreiben.)

Möchte man Autor von Beruf werden, könnte man schreiben
Ich bin ein überaus beliebter, viel gelesener, weltberühmter Bestsellerautor.

Familie
Ich bin eine sehr gute Ehefrau, Mutter, Großmutter, Schwiegermutter.

Mein persönliches Drehbuch beinhaltet auch Sätze wie: Zum Wohle aller und zur Heilung der Welt.

Es liegt an uns, wie frei und wie viel wir schreiben, was wir möchten und wie viel davon. Der größte Gegenspieler ist unser Verstand, wenn er uns Grenzen aufzeigt wie: »Das kann ich nicht«, oder »das geht nicht.« Ich empfehle, das Drehbuch klar, eindeutig, mutig und groß zu formulieren, in einer Sprache, die dir entspricht. Es ist sinnvoll, es auswendig zu lernen, dir dein Drehbuch immer wieder aufzusagen und die guten Gefühle wahrzunehmen, die dabei entstehen.

Wenn du es verinnerlicht hast, lass es los, bleibe im Augenblick und in dem tiefen Vertrauen darauf, dass sich alles fügt. Glaube an die alte Verheißung:

Wahrlich, ich sage euch: Wer zu diesem Berge spräche: Heb dich und wirf dich ins Meer! und zweifelte nicht in seinem Herzen, sondern glaubte, dass geschehen würde, was er sagt, so wird's ihm geschehen. Darum sage ich euch: Alles, was ihr betet und bittet, glaubt nur, dass ihr's empfangt, so wird's euch zuteilwerden.
(Markus 11, 23–25)

Nun gib dein Bestes und sei voller Achtsamkeit in dem Augenblick, in dem du gerade bist. So haben es mich die Pferde über Jahrzehnte gelehrt. Ich bin überzeugt davon, dass wir lernen müssen, unseren Weg auf dieser wunderschönen Erde gemeinsam und ganzheitlich zu gehen.

Wenn du dich dem Drehbuch deines Lebens widmest und die Reise zu dir selbst antrittst, wirst du schon bald den göttlichen Funken in dir erkennen und dein Dasein mit Staunen betrachten. Möglicherweise geht es dir ähnlich, wie es Johann Wolfgang von Goethe in folgendem Gedicht beschreibt:

> *Freudig war, vor vielen Jahren,*
> *Eifrig so der Geist bestrebt,*
> *Zu erforschen, zu erfahren,*
> *Wie Natur im Schaffen lebt.*

> *Und es ist das ewig Eine,*
> *Das sich vielfach offenbart:*
> *Klein das Große, groß das Kleine,*
> *Alles nach der eignen Art.*

> *Immer wechselnd, fest sich haltend,*
> *Nah und fern und fern und nah;*
> *So gestaltend, umgestaltend –*
> *Zum Erstaunen bin ich da.*

Danke

Ich danke dem Schöpfer für mein Leben und diese wundervolle Welt, auf der ich zu Hause sein darf.

Meiner Frau Jutta und unseren Töchtern Anne und Maike danke ich für ihre Liebe und unser Familienleben.

Meinen Eltern Elsbeth und Friedhelm sowie meinen Geschwistern Elke, Heide, Falk und Klaus danke ich für meinen guten Start ins Leben in einer intakten Familie.

Den Pferden gehört mein Dank für ihre lebenslange, treue Begleitung. Ohne sie wüsste ich bis heute nicht, wer ich bin.

Unseren Enkeln danke ich, dass sie mein Herz erquicken und mir dadurch bewusst machen, was im Leben wirklich zählt.

Meiner Freundin Christa danke ich für ihre ständige Unterstützung und Freundschaft und dass sie meine handgeschriebenen Zeilen in einen lesbaren Text übertragen hat.

Danke

Meinem viel zu früh verstorbenen Freund Wolfgang Dietzel danke ich für die vielen Cartoons, die meine Impulse so trefflich wiedergeben.

Meiner Agentin Nina Edith Wünsch danke ich für die vielen positiven Ideen zum Buch und ihrer Unterstützung bei der Verlagssuche.

Meinen Lektorinnen Renate Primuth und Angelika Funk danke ich für ihre wertvolle und kompetente Arbeit und ihre Geduld mit mir.

Meiner Verlegerin Diana Schulz für den Mut zu diesem kleinen Buch.

Und nicht zuletzt bin ich mir selbst dankbar dafür, immer wieder den roten Faden der Liebe zu suchen.

Liebe Leserin, lieber Leser, Gott segne dich und beschütze dich auf deinem Weg.

Über den Autor

Bernd Osterhammel, geboren 1957, verheiratet und Vater von zwei erwachsenen Töchtern sowie Großvater von vier Enkelkindern, ist bereits zeit seines Lebens leidenschaftlicher Pferdemann, Unternehmer und Berater. Nach dem Studium zum Diplom-Bauingenieur und zum Diplom-Wirtschaftsingenieur übernahm er als damals 25-Jähriger das Ingenieurbüro seines Vaters mit seinen vier Mitarbeitern, nachdem er dort zwei Jahre als Angestellter gelernt hatte.

Im Dezember 2004 verließ er dieses Ingenieurbüro und sein Topteam von 30 Mitarbeitern, nachdem er es zusammen mit seinem späteren Partner und Nachfolger zu einer kerngesunden »Traumfirma« gemacht hatte, um seinen Talenten zu folgen.

Über den Autor

Mit seinen Erfahrungen auf seinem durch Höhen und Tiefen geprägten Leben, der damit offenbarten Weisheit und den Erfolgsideen aus 25 Jahren Unternehmertätigkeit und über 5 Jahrzehnten leben und arbeiten mit Pferden, begleitet der Pferdemensch und Geschichtenerzähler seitdem UnternehmerInnen und Führungskräfte sowie zunehmend Privatpersonen in Workshops und Seminaren.

Bernd Osterhammel begeistert mit seiner ruhigen, authentischen Art und zugleich packenden Strahlkraft Menschen als gefragter Vortragsredner und fördert so auf begeisternde und einprägsame Art Bewusst-Sein und Bewusst-Werdung.

Weitere Informationen zum Autor:
www.berndosterhammel.de
www.schöpferkraft-osterhammel.de

Literaturverzeichnis

Buchholz, Michael G.: *Alles was du willst. Die Universellen Erwerbsregeln für ein erfülltes Leben.* Düsseldorf: Verlag Omega, 5. Auflage 2002.

Buchholz, Michael G.: *Tu was du willst. Die Universellen Einsichten für ein erfülltes Leben.* Düsseldorf: Verlag Omega, 1. Auflage 2002.

Buchhorn, Eva: *Motivation: Geld allein macht nicht glücklich.* www.manager-magazin.de, 26.03.2004. (www.manager-magazin.de/unternehmen/karriere/a-292297.html).

Buckingham, Marcus/Clifton, Donald O.: *Entdecken Sie Ihre Stärken JETZT!* Frankfurt/Main: Campus, Sonderausgabe 2014.

Eidherr, Armin (Hrsg.): *Pferde in der Weltliteratur.* Zürich: Manesse, 2002.

Goleman, Daniel: *EQ – Emotionale Intelligenz.* München: dtv, 21. Auflage 2009.

Goleman, Daniel: *EQ2 – Der Erfolgsquotient.* München: dtv, 5. Auflage 2008.

Gratzon, Fred: *The Lazy Way to Success. Ohne Anstrengung alles erreichen.* Bielefeld: Kamphausen, 2004.

Hüther, Gerald: *Was wir sind und was wir sein könnten. Ein neurobiologischer Mutmacher.* Frankfurt: Fischer, 2011.

Hüther, Gerald/Hauser, Uli: *Jedes Kind ist hochbegabt. Die angeborenen Talente unserer Kinder und was wir aus ihnen machen.* München: Knaus, 7. Auflage 2012.

Hüther, Gerald/Bonney, Helmut: *Neues vom Zappelphilipp. ADS verstehen, vorbeugen und behandeln.* Hemsbach: Beltz, 2. Auflage 2013.

Kobjoll, Klaus: *Motiva(c)tion. Begeisterung ist übertragbar.* Zürich: Orell Füssli, 5. Auflage 1995.

Lassen, Arthur: *Heute ist mein bester Tag.* Bruchköbel: L.E.T.-Verlag, 1. Auflage 1995.

Lassen, Arthur: *Geld ist eine Vision.* Bruchköbel: L.E.T.-Verlag, 2. Auflage 1996.

Lindau-Bank, Detlev/Walter, Klemens (Hrsg.): *Pferdebasiertes Personalmanagement – Innovatives Lernen, das berührt.* Münster: LIT-Verlag, 2015.

Nink, Marco: *Engagement Index: Die neuesten Daten und Erkenntnisse aus 13 Jahren Gallup-Studie.* München: Redline Verlag, 2014.

Oppelt, Siglinda: *Quantensprung im Business – Erfolgreich in die neue Zeit!* Petersberg: Verlag Via Nova, 1. Auflage 2011.

Oppelt, Siglinda: *Das Licht in dir: Wie wir die größte Lebenskraft für uns nutzen.* Petersberg: Arkana Verlag, 1. Auflage 2015.

Osterhammel, Bernd: *Pferdeflüstern für Manager: Mitarbeiterführung tierisch einfach.* Weinheim: Wiley, 2. Auflage 2016.

Rashid, Mark: *Denn Pferde lügen nicht: Neue Wege zu einer vertrauten Mensch-Pferd-Beziehung.* Stuttgart: Franckh-Kosmos Verlag, 2. Auflage 2012.

Rees, Lucy: *Das Wesen des Pferdes. Persönlichkeit, Entwicklung, Verhalten.* Stuttgart: Müller Rüschlikon, 1986.

Reska, Kirsten: *Die Zauberformel: Aktives Gewichtsmanagement ist keine Hexerei.* Eigenverlag, 1. Auflage 2014.

Roberts, Monty: *Das Wissen der Pferde und was wir Menschen von ihnen lernen können.* Köln: Bastei Lübbe, 4. Auflage 2003.

Roberts, Monty: *Die Sprache der Pferde: Die Monty-Roberts-Methode des JOIN-UP.* Köln: Bastei Lübbe, 8. Auflage 2012.

Roberts, Monty: *Der mit den Pferden spricht.* Köln: Bastei Lübbe, 10. Auflage 2011.

Schleske, Martin: *Herztöne: Lauschen auf den Klang des Lebens.* Asslar: adeo, 1. Auflage 2016.

Schnarch, David: *Intimität und Verlangen.* Klett-Gotta, 9. Auflage 2019.

Sprenger, Reinhard K.: *Das Prinzip Selbstverantwortung. Wege zur Motivation.* Frankfurt: Campus, 13. überarbeitete Auflage 2015.

Welz, Heinz: *Pferdeflüstern kann man lernen.* Stuttgart: Kosmos, 2002.

Hörbuch

Für alle Hörbuch-Liebhaber

Die Essenz des Buches *Schöpferkraft*, gesprochen von Bernd Osterhammel und wunderschön mit Musik unterlegt.

Inhalt: 2 CDs | 20 Kapitel
Sprecher: Bernd Osterhammel
Musik: Bernd Osterhammel & Dennis O'Neill
Gesamtdauer: 150 min.
ISBN: 978-3-96442-027-5

Als CD oder als Download lieferbar unter:
www.echnaton-verlag.de

Der EchnAton Verlag steht für transformierende Literatur.
Neben den Büchern von spirituellen Weisheitslehrern,
Schamanen und Coachs veröffentlichen wir tiefgehende
Romane und Meditations-CDs.

Fordern Sie unseren Gesamtkatalog an!

Aktuelle Neuerscheinungen und Informationen
zu geplanten Veranstaltungen der Autoren
finden Sie auch auf unserer Webseite:

www.echnaton-verlag.de